流域非点源污染模拟与空间决策支持信息系统

杨　昆　杨　林　许泉立　彭双云　著

科学出版社

北京

内 容 简 介

土地利用/覆盖变化（LUCC）研究发现，土地利用规模、结构和布局对水文、水质、土壤及生态系统都有影响。湖泊流域是社会经济最活跃的区域，人类活动改变土地利用状况，用地变化，尤其是城镇发展过程中不透水表面的增加对水质和水量的变化有明显作用。基于上述研究背景，本书以洱海流域系统非点源污染作为研究对象，从土地利用变化出发，研究和模拟农业和城市面源污染的形成机理。通过集成智能体模型（ABM）与 GIS 来模拟人地交互作用机制，预测未来土地利用在人类活动作用下的时空演变过程，结合水文与水质模型计算不同土地利用情景下流域内主要污染指标氮、磷、COD 及水土流失的产出量和时空分布，进而用 GIS 模拟流域系统土地利用影响下非点源污染形成的时空过程与分布。在技术上集成 GIS 与 ABM、SWAT 和 SWMM 模型，基于组件 GIS 和空间数据库技术，开发流域非点源污染形成时空过程动态模拟信息平台，为政府选择湖泊水环境污染防治的调控策略提供决策支持，为湖泊水污染治理提供新的理论和技术方法。本书的特色是在国内首次提出了流域非点源污染形成的人类活动—>土地利用变化—>水文生态环境变化—>非点源污染产生这一链式驱动机制及概念模型，并基于人地交互作用机制和智能体模型的洱海流域非点源污染自然与人文过程，构建了该链式驱动过程的综合模拟模型及其模型验证方法，为流域水环境模拟提供了一种新的思路和技术。同时，在 2000 年～2010 年实际数据的支撑下，基于该模型进行了洱海流域用地变化的模拟和预测，并利用 2000、2010 和 2020 年的用地情景，模拟了流域过去和未来 10 年的非点源污染负荷的产量与时空分布。

本书适合于从事 GIS 及其应用的高校教师与学生以及科研院所研究人员，尤其适合于从事利用 GIS 进行水环境模拟与定量计算的相关科研人员与研究生。

图书在版编目（CIP）数据

流域非点源污染模拟与空间决策支持信息系统/杨昆等著. —北京：科学出版社，2015.12
　　ISBN 978-7-03-045188-0

　　Ⅰ.①流… Ⅱ.①杨… Ⅲ.流域污染—污染控制—研究 Ⅳ.①X52

中国版本图书馆 CIP 数据核字（2015）第 156759 号

责任编辑：杨 岭 冯 铂　　责任校对：韩雨舟
责任印制：余少力　　　　　 封面设计：墨创文化

科学出版社 出版
北京东黄城根北街 16 号
邮政编码：100717
http://www.sciencep.com

成都创新包装印刷厂 印刷
科学出版社发行　各地新华书店经销
*
2016 年 1 月第 一 版　开本：16（787×1092）
2016 年 1 月第一次印刷　印张：12.75
字数：300 千字
定价：118.00 元
（如有印装质量问题，我社负责调换）

序

洱海，作为云南省的第二大淡水湖泊，是大理人民的"母亲湖"，大理人民深深地依恋着她！自古以来，她用甘甜清澈的湖水滋养着那里的土地和生灵，她用美丽的"洱海月"吸引着全世界的游人纷至沓来，是她造就了洱海湖畔富饶深厚的人文风情，也是她成就了闻名全球的大理"风花雪月"好风光。

我是云南人，对大理白族文化与洱海之美的向往由来已久，并有幸数次领略过"上关风，下关花，苍山雪，洱海月"的原生态魅力。然而，近几年我却常常被一种焦虑情绪所困扰：因为各种污染的持续加剧，曾经清澈见底的洱海变得有些模糊不清了，凭栏远眺的悠闲与风花雪月的浪漫正在因为洱海水质的退化而从我所喜爱的这片土地悄然逝去。作为一名从事教育和自然科学研究的工作者，出于职业好奇心与责任感，我也经常会思考：为什么洱海的水质会退化这么快？洱海水体污染的根本原因是什么？与近年来城镇化的快速发展以及用地变化关系是否密切？是否有什么办法可以缓解洱海水污染，让美丽的风景和浪漫的故事可以持续地传承下去？更让人忧虑的是，不仅仅是洱海出现了这种水污染加剧的趋势，云南省九大高原湖泊的水污染形势都很严峻，保护高原湖泊，特别是像洱海这样还没有被严重污染但具有污染加剧风险的湖泊保护迫在眉睫。

好在政府及相关部门早就开始关注和思考着高原湖泊如何保护的问题，并及时成立了"云南省九大高原湖泊水污染综合防治领导小组"，目的是从政策、经费和制度上为云南九大高原湖泊的保护提供支持，一方面积极治理滇池等污染已较严重的湖泊，另一方面千方百计保护洱海等水质相对较好的湖泊，降低被污染的风险。为此，云南省政府发起并建设了旨在保护九大高原湖泊水质的公众网站——七彩云南保护行动网，定期发布云南省九大高原湖泊水污染现状的监测结果与相关的治理规划及保护方案；国家"水专项"专门抽调资金和技术力量资助研究部门进行云南水专项的开展与实施；大理州政府也专门设立了"洱海保护局"来开展洱海的日常保护与监管工作，并且形成了被国家环保局所推崇且卓有成效的"洱海保护模式"。这些针对高原湖泊水环境保护的一系列措施对于遏制部分湖泊水污染的恶化起到了显著作用，部分湖泊水体总体变清，能见度提高，水质退化的势头得到缓解，但治理效果依然有限。比如，截至目前为止，滇池水质依然处于重度污染状况，洱海的水质也长期处于劣Ⅲ水平，而且时有局部蓝藻爆发。这说明，洱海水污染的防治除了积极建设生态恢复工程等生物治理方法之外，还需要弄清楚洱海水污染形成的机制与主要来源，以便从源头上遏制洱海水污染的加剧。

好消息是，政府对高原湖泊生态系统保护的重视与投入，让高原湖泊保护的相关研究变得非常活跃，我们的研究团队也是从这个时候开始真正进入这个宽泛而重要的研究领域的。2009 年，洱海的水质下降较为显著，洱海保护引起了当地政府和许多学者的关注，恰逢云南省启动了国家 973 前期的项目申报活动，在省科技厅与学校的大力支持下，我们团队积极组织申报了《GIS 环境下用地变化的洱海流域非点源污染情景模拟研究》课题，开始着手研究洱海水污染的科学问题，并试图从流域的角度、以"人类活动→土地利用变化→生态环境退化→非点源污染"的链式驱动机制探索洱海流域水环境污染的形成机理及其时空过程，以期为洱海流域水环境污染的防治提供决策依据与信息化工具。最后课题幸运地通过了专家的评审，获得了项目资助。在接下来的 3 年研究期间，我们与云南省环境科学研究院、云南省环境保护局信息中心、洱海保护局、大理州环境保护局等当地主要湖泊保护的研究及管理部门通力合作，多次下到实地对洱海水污染的来源、现状和特点进行了调研，取得了许多珍贵的第一手资料及重要数据；在此基础上，利用我们 GIS 学科的优势与多年来在地理建模与模拟领域积累的经验与成果（主要是 GIS 空间分析与智能体建模方向的成果），对这些资料和数据进行了整理、处理、建模、分析和模拟，最后将各种研究成果进行整理后才形成了这本书的写作框架与核心内容，至于具体内容和组织方式在前言中已有说明，这里不再赘述。

总的来说，这本书是我们团队在流域水环境建模与模拟领域多年研究成果的一次重要总结，既有对基本概念的简介与重新认知，也有我们对理论的明辨及技术方法的探索。因此，本书既是一次对成果的检验，更是一次面向同行的分享。书稿从编写到出版得到了多方合作单位及个人的支持与帮助，在此，感谢国家科技部给予的项目资助；感谢云南省环境科学研究院提供了部分实验数据，并在编写过程中提供了许多宝贵的意见与建议；感谢项目研究团队中云南师范大学信息学院、旅游与地理科学学院以及西部资源环境 GIS 技术教育部工程研究中心的各位老师与研究生同学，他们为本书的编写做出了重要贡献；最后，感谢出版社参与本书编辑、校订和修改的冯铂老师以及相关工作人员，正是你们的辛勤工作才使得本书得以顺利出版！

"苍山白云天际间，一湖碧水洒玉盘，风花雪月两三事，不知人间已千年"。《苍洱恋》的作者用这样美丽的诗句给我们再现了大理旖旎的自然风光与浪漫的爱情故事，我们在享受大自然巧夺天工的恩赐时，是不是应该多想想如何把她们传承下去，让我们的子孙后代也能够享受此情此景？这本书也不会是我们对洱海保护研究的一次终结，相反会进一步激发我们研究和保护洱海的热情。目前，我们在大理州政府的积极推动下，已经开始着手研究洱海流域城镇化的格局及其对洱海水质的影响，并多次对洱海周边的双廊、海东、挖色等典型的旅游城镇化区域进行了调研和数据收集，相信不久的将来，我们会有新的研究成果与各位同行分享并接受大家的检验。我们也希望能够看到更多关于洱海保护的佳作出现！

杨 昆

2015 年 11 月 1 日

于昆明虹山家中

前　　言

　　非点源污染是当前湖泊流域生态系统主要的水污染来源与形式。国内外诸多研究成果皆表明，各种形式的人类活动对流域水生态环境的退化有着显著的影响，这其中主要以流域城镇化进程中不透水表面（impervious surfaces，IS）扩张导致的城市非点源污染以及农业生产与生活过程中施肥与水土流失造成的农业非点源污染为主。究其根本，主要是因为上述人地交互作用过程改变了流域土地利用/覆被变化（land use/land cover，LUCC），而 LUCC 的变化又改变了流域生态系统的结构，从而导致了流域生态服务功能的退化，并最终形成湖泊富营养化、蓝藻水华和水质退化等水污染加剧现象。由此可见，对于流域系统的非点源污染而言，普遍存在着"人类活动→土地利用/覆被变化→生态系统结构改变与服务功能退化→非点源污染产生"这样一种水污染形成的链式驱动机制。因此，弄清该机制的演变过程并解释其形成机理，对于流域的非点源污染的防治与消减具有重要的科学研究意义与实际应用价值。

　　对于湖泊流域非点源污染的防控，当前主要是采用工程措施和生态恢复等人工干预手段，它们对于非点源污染具有一定的遏制作用，但是都属于"亡羊补牢"式的弥补。因此，要从源头上防控非点源污染的产生与扩散，需要从其产生与扩散的机制上解释非点源污染形成的机理及其主要的时空过程，从而有望从源头遏制非点源污染的产生，进而缓解直至消除非点源污染带来的生态环境危害。目前，通过定量建模方法来模拟非点源污染时空变迁过程被认为是有可能从机理上解释非点源污染产生的最有效手段，是当前地理、环境和生态等相关研究领域的研究热点。基于以上背景，本书以云南省著名的高原湖泊流域——洱海流域为例，基于人地关系理论分析人类活动影响下的土地利用变化及其水环境效应建模方法与技术，构建流域非点源污染的链式驱动机制模型，再现流域非点源污染形成与变化的主要时空过程，有望从源头上为流域非点源污染的防治提供科学的决策依据。具体来说，本书基于洱海流域非点源污染形成的链式驱动机制，利用智能体建模方法（agent-based modeling，ABM）和地理信息系统（geographic information system，GIS）集成建模技术来模拟人地交互作用机制，预测未来土地利用在人类活动作用下的变化格局，并计算不同土地利用/覆被变化情景下流域内主要污染负荷总氮（TN）、总磷（TP）、化学耗氧量、水土流失的产出量以及不透水表面覆盖率（impervious surfaces coverage，ISC）的时空分布，进而模拟洱海流域非点源污染形成的时空过程。在此基础上开发流域水污染形成时空过程动态模拟平台，为洱海流域非点源污染防治策略的制定、地方经济与环境保护的协调发展提供科学依据与信息化决策支持平台。总的来讲，本书较好地体现了当前地理环境过程建模与模拟领域的理论与技术前沿，系统地提出了流域非点源污染的链式驱动机制及其模拟方法，技术上综合集成了土地利用动态变化、流域非点源污染以及调控反馈机制等模型，并以可量化的空间变量为调控指标，针对洱海流域非点源污染现状和特点构建非点源污染的空间信息情景模拟平台，在理论上具有一定的创新性，技术上具有一定的可操作性，应用上具备一定的可推广性。

　　本书一共有八章，其中第一章、第二章和第三章主要系统地介绍了非点源污染的概念及其在洱海流域形成的特点与现状，并就其形成的链式驱动模型与时空信息表达机制进行了理论阐述。第四章、第五章、第六章和第七章详细地介绍了土地利用动态变化智能体模型、农业非点源污染模型、城市非点源污染模型以及调控机制与决策支持模型的构建原理、方法与验证等过程。最后，第八章从空间信息技术的角度，系统地介绍了利用地理信息技术集成上述模型的空间信息综合模拟平台的研发过程，并图文并茂地展示了相关研究成果。

　　本书是作者近十年教学与科研工作的总结与升华，其研究成果主要来自于作者承担的国家 973 前期项目（GIS 环境下基于用地变化的洱海流域非点源污染情景模拟研究，2010CB434803）、国家 863 主题项目（时空过程模拟与实时 GIS 系统，2012AA121400，2012AA121402，2012AA121403）子课题、教育部博士点专项基金（盘龙江子流域城市非点源污染的地理空间模拟模型研究，20115303110002）以及国家自然科学基金（城镇化进程中基于蚁群行为规则的滇池流域不透水表面扩张智能体建模，41461038）等研究项目的支持与资助，期间经过多次修改和完善，如今得以正式出版。

　　由于作者水平有限，书中不足和疏漏之处在所难免，敬请读者批评指正。

作者：杨昆

2015 年 11 月 19 日

于云南师范大学睿智楼

目　　录

第一章　流域非点源污染概述

流域是以分水岭为界的一个河流、湖泊或海洋等的所有水系所覆盖的区域，以及由水系构成的集水区。它是一个整体性的概念，流域中最主要的因子是水，正是由于水的流动导致了流域内地理上的关联性及流域环境资源的联动性，也决定了流域是一个统一完整的生态系统。非点源污染具有很强的综合性、复杂性的特点，也应当在一个完整的流域系统内进行研究分析。非点源污染就是指溶解的或固体的污染物从非特定的地点，在降水（或融雪）的冲刷作用下，通过径流过程而汇入受纳水体（包括河流、湖泊、水库和海湾等），并引起水体富营养化或其他形式的污染。

从非点源污染产生的来源看，主要分为农业非点源污染和城市非点源污染两大类。农业非点源污染又主要包括化肥污染、农药污染、土壤流失、畜牧养殖污染及其他的农业生产、生活活动。城市非点源污染物来自地表沉积污染物，包括有固态废物碎屑（城市垃圾、动物粪便、城市建筑施工场地堆积物）、空气沉降物、车辆排放物和化学药品（草坪施用的化肥农药）等。非点源污染会造成大量泥沙、氮磷营养物、有毒有害物质进入江河、湖库，引起水体悬浮物浓度升高、有毒有害物质含量增加、溶解氧减少，水体出现富营养化趋势，不仅直接破坏水生生物生存环境，导致水生生态系统失衡，还影响人类的生产和生活，威胁人体健康。与通过集中排污口排放的点源污染相比，非点源污染具有随机性、广泛性、滞后性、不确定性和时空分布不均匀性等特点。随着点源污染的可控程度达到一定水平后，非点源已经成为了水环境污染的重要原因。因此，深入进行非点源污染研究，为治理非点源污染提供科学依据，具有重要的科学内涵与深远的现实意义。本章主要分析了非点源污染成因、农业非点源污染和城市非点源污染。

1.1　流域非点源污染成因分析

非点源污染是通过降雨径流的冲刷和淋溶，大气地面和土壤中污染物以分散的、微量的形式进入地表、地下水体，并在水体富集，从而导致水污染。非点源污染的产生是由自然过程引发，并在人类活动影响下得以强化的过程。非点源污染的形成，主要由以下几个过程组成，即降雨径流过程、土壤侵蚀过程、地表溶质溶出过程和土壤溶质渗漏过程（图1.1），这四个过程相互联系、相互作用。非点源污染起源于分散、多样的地区，其地理边界和位置难以识别和确定。非点源污染成因复杂，主要可以从自然环境、人类活动以及土地利用方式两方面因素进行分析。

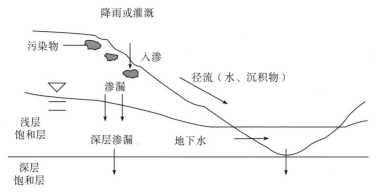

图 1.1　非点源污染形成过程示意图

1.1.1　自然环境因素分析

自古以来，人类就把废弃物排放到自然环境中，但是并未对环境造成明显的危害。这是由于环境具有容纳、清除和改变人类代谢产物的能力，即自净能力。虽然在自然状态下，很难造成非点源环境污染，但是自然因素对非点源污染的形成提供了基本的物质载体和动力因子，与非点源污染的形成密切相关。特别是在不利的自然因素下，加之不合理的人类活动，其释放的污染物形成污染源，生态系统遭到破坏，极容易造成地面的水和土离开原来的位置，污染物随之流失到较低的地方，再经过坡面、沟壑，汇集到江河河道内，由于生态的自净能力不足以消化、吸收污染物，从而造成非点源污染。影响非点源污染形成的自然因子主要包括气候、水文、土壤、植被、地形地貌等。

1. 气候

气候是某一地区多年时段大气的一般状态，它包括降水、温度等要素。气候对非点源污染的形成主要有两方面的贡献：一方面，气候中的降水要素是地表径流产生的先决条件，降水（尤其是强降水）是形成土壤侵蚀和水土流失的主要动力。降雨强度决定淋洗非点源污染物的能力大小。雨水越大，下降速度越快，对土壤的侵蚀力和冲刷作用也越大。随着降雨量增强，营养物质的溶蚀作用相应有所增加。研究表明，洱海流域内夏季降雨量大，农业非点源污染也大，导致夏季氮、磷产生量接近全年的 50%。这主要是由于降雨大幅度冲刷农田，导致农田中的氮、磷养分流失，大流量的降雨径流将农田中流失的氮、磷元素带入入湖口流入洱海，污染水体，从而产生巨大的农业非点源污染；另一方面气候与农业活动的生产密切相关，气候对农业生产类型时令、布局结构，以及农产品的数量、质量和分布都起着决定性作用。不同农业种植化学施肥量不同，影响氮、磷等污染物的生成量。

2. 水文

水文，指自然界中水的变化、运动等的各种现象。降雨径流的产生对污染物的溶解、运输、扩散、迁移变化影响巨大。雨水中携带着各种与云结合的污染物，在降雨过程中又淋洗大气中的漂尘、污染物颗粒等，降雨到达地面后产生径流，进一步冲刷地面累积的污染物质，一些可溶性物质或营养物质被溶解或吸附，随地表径流排入河流或渗入地下，从而污染地表水或地下潜水。非点源污染物的输出与径流量的变化有密切关系。径流量大时，非点源污染物的输出也高。而且非点源污染物的度变化趋势与径流变化趋势在形式上基本一致。年内丰段，非点源污染物浓度峰值和径流峰值同步出现；年内平段，泥沙浓度、有机氮浓度和径流峰值同步出现，硝酸盐浓峰值滞后于径流峰值出现时间；年内枯水段，非点源污染浓度滞后于径流峰值出现时间。在各种影响因素中，径流污染物浓度的变化起着决定作用，两者之间存在着密切的相关关系。

3. 土壤

土壤作为被侵蚀的对象，是土壤侵蚀的内在因素。土壤本身可侵蚀的程度会影响污染物产生量及降雨径流量的大小。它与土壤自身理化性质诸如抗蚀性、抗冲性、透水性密切相关，对土壤侵蚀的强弱有很大影响。其中，土壤的抗蚀性是指土壤抵抗水的分散和悬浮的能力。土壤的透水性影响到地表径流量，进而影响土壤冲刷能力，而土壤透水性又受土壤本身性质（如孔隙度、土壤质地及土壤含水量）的制约。总之，土壤性质会影响地表径流量和污染物迁移速度。

4. 植被

植被是自然因素中最能减缓土壤侵蚀的因素。其抑制作用主要表现为：一是植物枝叶能拦截降雨，减少和削弱降雨对土壤的冲击力，降低雨滴的溅蚀作用；二是枯枝落叶可降低径流的流速，增加水体的入渗，因而减少径流量，降低对土壤的冲刷能力；三是绿色植物根系有穿插和盘结土体的作用，可以增加土壤根孔，改善土壤结构，增加土壤的渗透性，从而提高土壤的抗蚀抗冲能力。所以植被覆盖度高的地区，发生土壤侵蚀的机会就小；而在地表裸露，植被覆盖度低的地区，发生土壤侵蚀的机会就大，水土流失加剧，容易造成非点源污染。

5. 地形地貌

地形地貌是影响土壤侵蚀强度的重要因素，可以视为坡长、坡度、坡向等几何属性在空间上的不同组合。在描述地形地貌的各指标中，以坡长和坡度对土壤侵蚀强度影响最大。坡长对于土壤侵蚀过程的影响很复杂，若地表能够产生径流，则径流的流速会随着坡长的增加而增大，同时，相应增加的还有径流量或径流深度，进而侵蚀作用便会相应加强。特别是当坡度较大时，坡长能够显著地影响土壤侵蚀，随着坡长的增加，土壤侵蚀率也会迅速增加。一般情况下，坡度越大，汇流的时间越短，径流能量越大，对坡面的冲刷越强烈，土壤侵蚀强度就会加剧。研究表明，洱海流域坡度最大的范围分布在湖西山地，这部分的入湖河流，如苍山十八溪等，由于侵蚀强度大、水质恶劣、氮磷含量高，是今后的重点治理范围。

1.1.2　人类活动因素分析

人类活动打破了原本平衡的生态系统，使生态系统结构失衡，自我调节修复能力降低，特别是不合理的人类活动大大加剧生态环境的破坏，过量的污染物排放超过环境自净能力，造成各种环境污染。非点源污染在很大程度上就是由于人类生产生活中，废物、废水的任意排放，农业上各种农用化学品的大面积使用，畜禽粪便、农作物秸秆的不合理利用等所造成的。对于非点源污染影响比较大的人类活动主要有农事活动、城镇化建设、社会经济发展情况以及部分生活污水的排放。

1. 农事活动

农事活动主要包括作物种植与畜牧养殖。对作物进行化学施肥和喷洒农药，直接决定总氮（TN）、总磷（TP）、有毒有机物和无机物的产生量。翻土耕作容易造成土壤结构破坏，表层土质疏松，地表径流过程中水土流失现象严重；保土耕作，通过减少地表径流及雨点和径流对土壤的冲击与侵蚀影响水土和农用化学物流失，能有效控制水土流失，减少泥沙结合固态磷的流失，但有可能增加生物有效磷和可溶性磷流失。畜禽养殖粪便直接还田，如使用不当或连续过量使用，会导致硝酸盐、磷及重金属的沉积，从而对地表水和地下水构成污染。高浓度畜禽养殖污水排入江河湖泊中，由于含氮、磷量高，造成水质不断恶化，导致水体严重富营养化，形成非点源污染。有关研究表明，洱海流域北部是农业非点源污染的主要来源，分别占到了 TN 和 TP 发生量的 50％以上，这主要是由于北部主要种植大蒜，大蒜的施肥量及强度相比其他作物是最强的。

2. 城镇化建设

人口的增加与城镇化的加快使得城市中心区周边的土地不断转为建设及居住用地，不透水表面迅速增加，导致具有较高生态价值的植被、水源地等生态用地日益缩小破碎，流域内降雨形成的植物截留、地表填洼、下渗与蒸散发耗损减小，使雨水更多地集中在地表，产生的地表径流变大，从而带动污染物扩散流动的加速，导致流域非点源污染日益严重。城镇化建设也会产生大量的非点源污染物，包括建筑材料的腐蚀物、建筑工地上的淤泥和沉淀物、路面的砂子尘土和垃圾、大气的干湿沉降、动植物的有机废弃物、城市公园喷洒的农药以及其他分散的工业和城市生活污染源等。这些污染物以各种形式积蓄在街道、阴沟和其他不透水地面上，在降雨的冲刷下通过不同的途径进入城市受纳河道中。

3. 社会经济因素

社会经济发展水平决定人的生产生活方式。随着工业化和城镇化的持续推进，大量耕地转变为建设用地，可耕地面积持续减少，为了保障国家的粮食安全问题，必须在日益稀缺的耕地上实现高产，导致过量的化肥、农药、农膜等化石能源投入农业生态系统，未被作物充分吸收利用，营养污染物通过农田退水大量进入水体，超过环境自净能力，导致污染的发生。城乡二元结构的存在，将城乡居民分成了两种不同的社会身份，导致城乡经济、受教育水平、社会福利等差距持续扩大。农村居民作为二元社会结构下的弱势群体，无法获取足够的资源以改善生活和生产条件，导致农村居民对非点源污染控制的支付能力相对较弱。为了实现利润最大化，生产者在农业生产和生活过程中，以排污形式消费优质农业环境资源，他们过量投入化石能源、任意遗弃作物秸秆以及随意排放禽畜粪尿和生活污染物，不愿意承担环境损害的成本，并尽力将治理污染的成本外部化而转嫁给社会。

4. 农村生活污水的排放

农村生活污染主要包括生活污水、人粪尿和生活垃圾的污染。由于农村的特殊性，一般没有固定的污水排放口，排放比较分散，大部分生活污水直接进入河流、湖泊，造成水体污染。其中生活污水和人粪尿污染主要来源于化学需氧量（COD）、TN 和 TP 污染。目前我国农村生活过程中所产生的生活污水、人粪尿和生活垃圾几乎没有进行有效处理，政府也没有专门的回收处理及管理制度。生活污水和人粪尿任意通过排水系统进入农田或农业水体，特别是许多人口密度较大的农村，由于生活污水和人粪尿的任意排放，直接进入河流、湖泊，造成水体污染，形成富营养化，导致附近水体发臭，严重影响农村和农业生态环境。

1.1.3　土地利用方式因素分析

人类土地利用是对自然生态系统的一种强烈干扰。土地利用变化/土地覆被变化（LUCC）是引起地表各种地理过程变化的主要原因之一，也是区域环境演变的重要组成部分。在众多因素的影响下，特别是人类活动的影响下，使流域的土地利用/土地覆被发生变化，这些因素一般包括农业活动、城市化、林业、交通、采矿、供水等，流域的这些变化往往会加强流域土壤侵蚀并影响流域水文循环的所有环节，从而加剧流域的非点源污染。随着经济建设的高速发展，人口的大量增加，城市工业化建设、高速公路建设等开工项目的大规模建设，造成土地资源大规模的开发，使得植被破坏、生态环境恶化，将加剧土壤侵蚀。因此，不合理的土地利用是水土流失、营养物及农药流失发生的主要原因，也是导致非点源污染的主要原因。土地利用类型的变化，会改变营养元素及悬浮物的入河量，从而影响流域水体水质；土地利用强度的加大会增加营养元素及悬浮物的入河量，造成流域水污染和水体富营养化；不同土地利用方式，其减水减沙效应也不同，对土壤营养元素等物质的径流流失影响也不尽相同。

总之，非点源污染的产生虽然是由自然过程引发，但是人类不恰当的活动加剧了非点源污染（如图 1.2）。降雨径流过程是造成非点源污染最主要的自然原因；是非点源污染负荷产生的动力和输移条件的载体；下垫面地表污染物质类型及其积累数量是非点源污染的物质基础；而人类不合理的土地利用活动才是非点源污染的最根本原因。人类不合理的土地利用活动，如为了眼前短暂的经济利益，而毁林毁草、大兴土木，致使生态破坏，水土流失加剧，TN、TP 等污染物增加，随地表径流汇入湖泊、河流等水体，造成严重非点源污染。

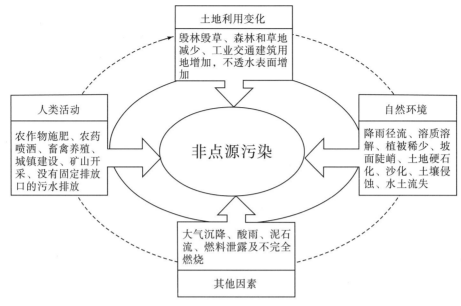

图 1.2　非点源污染成因示意图

1.2　流域农业非点源污染

1.2.1　农业非点源污染的定义

农业非点源污染是指在从事农业生产活动中，氮素和磷素等营养物质、农药以及其他有机或无机污染物质，在降水或灌溉过程中，通过农田地表径流、农田排水和地下渗漏，使大量污染物质进入水体，形成的水环境污染。主要污染物是重金属、硝酸盐、NH_4^+、有机磷、六六六、COD、DDT、病毒、病原微生物、寄生虫和塑料增塑剂等。目前它已经成为了中国水体氮、磷富营养化的主要原因。

由于农业生产活动的多样性，实践中的农业非点源污染主要包括化肥农药的施用、农村家畜粪便与垃圾的排放、草牧场家畜的生产、农田污水的灌溉，农村人口生活污水和农业废弃物排放，土壤侵蚀和水土流失等。

目前，农业面源污染问题在全球已经十分严峻。据调查，目前30%～50%的地球表面已受到非点源污染的影响，并且在全世界不同程度退化的12亿公顷耕地中，约有12%是由农业面源污染引起。农业非点源污染给环境造成的危害主要有：淤积水体、降低水体生态功能；引起水体富营养化、破坏水生生物的生存环境；污染饮用水源、危害人体健康。

1.2.2　农业非点源污染的特点

1. 不确定性

由于农业非点源污染涉及随机变量和随机影响，区分进入污染系统中的随机变量和不确定性对非点源污染的研究是很重要的。例如，农作物的生产会受到自然的影响（天气等），因为降雨量的大小和密度、温度、湿度的变化会直接影响化学制品（农药、化肥等）对水体的污染情况。

2. 分散性

与点源污染的集中性相反，面源污染具有分散性的特征，它随流域内土地利用状况、地形地貌、水文特征、气候等的不同而具有空间异质性和时间上的不均匀性。

3. 广泛性

随着人工生产的许多为自然环境无法接受的化学物质逐年增多，这些化学物质在地表分布广泛，随径流进入水体的现象遍地可见，其产生的生态环境影响是深远而广泛的。有农业生产的地方和农民居住的村镇都广泛存在污染现象。比如在畜牧业养殖区，禽畜产生的粪便和尿液由于未能处理，直接进入环境，再经过地表径流和地下渗透，污染物质向环境在横向和纵向都快速扩散。

4. 潜在性

农业非点源污染物质对农业生态环境的污染是一个量的积累过程。因此，产生的污染不像工业污染会很快表现出来，农业非点源污染具有滞后现象，这种滞后现象直接导致它对农业生态环境具有潜在的破坏作用。往往一次污染排放很难被人们发现，人们也经常忽视平常的非点源污染排放，一旦农业非点源污染产生污染效果，其对环境已经有了巨大的破坏作用，如农药污染现象。

5. 不易监测性

由于农业非点源污染是由多个污染源造成的，在一定的流域内是相互交叉的，加之又受地理、气象、水文条件等自然因素的影响，所以很难对农业非点源污染进行有效的监测。近年来，运用遥感、地理信息系统可以对面源污染进行模型化描述和模拟，为其监控、预测和检验提供有力的数据支持。

1.2.3　洱海流域农业非点源污染主要来源

1. 农药化肥

农药在使用过程中，雾滴或粉尘沉降进入水体或土壤中，若超出环境容纳量，将会恶化农业环境，有机磷、有机氮农药由于分解慢，甚至会进入食物链，产生生物学放大效应，扩大污染范围。一般来讲，施用的农药只有10%～20%附着在农作物上，而80%～90%则流失在土壤、水体和空气中，在灌水和降水等作用下污染土壤和农业水源。

化肥的不合理或过量使用，导致土壤板结，耕作特性变差，作物不能有效吸收，肥料随地表径流流失，或下渗进入地下水系统，造成水体污染和富营养化。过量的化肥投入还会导致土壤酸化，造成矿质可溶性增加而流失，部分重金属元素从束缚态转变为可溶态，破坏水土环境。

洱海流域耕地耕地面积 383 836 亩[①]，大部分集中在北部和西部片区。流域内高施肥量作物（大蒜和蔬菜）种植面积呈不同程度的逐年上升趋势。大蒜种植主要分布在右所、邓川、上关镇北部片区，蔬菜种植主要分布在湾桥、银桥、大庄等地区，这些地区距离洱海水体较近，农田氮、磷的污染负荷流失增强，大量化肥流失，导致农田面源污染成为影响洱海水质的重要污染源（表 1.1）。

表 1.1　洱海流域农田非点源污染产生量及入湖量

耕地面积/亩	产生量/（t/a）		入湖量/（t/a）	
	TN	TP	TN	TP
383 836	1507.1	84.4	828.9	46.4

注：数据来源于《云南洱海绿色流域建设与水污染防治规划（2010—2030）》

2. 畜禽养殖

禽畜粪尿对生态系统造成的污染主要是由氮、磷等通过流失进入水体造成富营养化，病原微生物威胁农村居民身体健康。禽畜养殖业发展过程中，集中养殖或者规模化农场养殖的情况下，有限的面积上集聚着数量较多的牲畜，相当多的污染物会排入环境，是养殖业非点源污染的主要来源。

据大理日报报道，2011 年洱海流域存栏大牲畜 13.5 万头，其中乳牛 9.5 万头；年出栏生猪 70 万头，出栏家禽 500 万只。据测算仅大牲畜、生猪、家禽年畜禽粪便排泄总量达 217 万吨，其中，粪 131 万吨，尿 86 万吨。产生的废水和粪便多数没有得到有效处理，就直接就近排入水体，成为流域内主要的农业面源污染。

图 1.3　发达的养殖业和大量禽畜粪便

3. 农村生活污染

农村生活污染主要包括生活污水、人粪尿和生活垃圾的污染。目前我国农村生活过程中所产生的生活污水、人粪尿和生活垃圾几乎没有进行有效处理，政府也没有专门的回收处理及管理制度。生活污水和人粪尿任意通过排水系统进入农田或农业水体，许多

---

①　1 亩≈666.7 平方米。

人口密度较大的农村，由于生活污水和人粪尿的任意排放，导致附近水体发臭，严重影响农村和农业生态环境。农村生活垃圾如果不及时有效处理，其携带的大量病菌、霉菌、寄生虫、传染性微生物以及可溶性重金属化合物进入环境，严重污染农业环境和农村居民身体健康，难以分解的垃圾如白色污染物会直接影响农村的环境美观，以致造成垃圾包围农村的现象。

近年来，洱海流域居民的生活水平提高较快，生活废弃物产生量也在逐年增加，但相应的排污处理设施还不完善。大理市每年产生农村生活垃圾 215 500 吨，洱源县每年产生农村生活垃圾 92 710 吨。虽然近年来大多数的生活垃圾已经得到清除，但是仍有许多死角的垃圾没有得到清除，在雨季时冲入洱海形成垃圾污染。

图 1.4　生活垃圾污染

1.2.4　洱海流域农业非点源污染现状分析

1. 洱海流域农业面源污染空间分布特征

根据陈纬栋（2011）在《洱海流域农业面源污染负荷模型计算研究》中的描述，洱海流域内单位面积上农业面源污染发生量较高的镇有北部区域的江尾镇（TN 为 $1.77t/(km^2 \cdot a)$，TP 为 $0.25t/(km^2 \cdot a)$），东部区域的海东镇（TN 为 $1.66t/(km^2 \cdot a)$，TP 为 $0.23t/(km^2 \cdot a)$），北部区域的三营镇（TN 为 $1.66t/(km^2 \cdot a)$，TP 为 $0.22t/(km^2 \cdot a)$）。这三个镇农田均在土地利用类型中占据了较高的比例，分别为 53.87%，34.54%，29.82%，超过了流域土地利用类型中平均农田比例的 25%，大面积的耕地带来了高强度的农业面源污染。此外，江尾镇和三营镇模拟的农田管理种植方式中，均在小春（10 月到次年 4 月）种植经济作物大蒜，由于大蒜的施肥强度相对于其他三种常见作物——水稻、玉米、蚕豆而言是最高的，种植期间施肥强度高达 TN $500kg/hm^2$ 和 TP $80kg/hm^2$。

2. 洱海流域农业面源污染时间分布特征

随着城镇化程度不断提高，农用耕地面积逐年减少，农业面源污染已成为主要污染源。流域内农业面源污染发生量最大的季节为夏季，而冬季最少。这种现象主要是降雨和径流所导致的。一方面，夏季降雨多，降雨大幅度冲刷农田，导致农田中的氮、磷养分流失，产生巨大的农业面源污染；另一方面，夏季大流量的径流将农田中流失的氮、磷元素带入地表水中，随主要地表径流通过入湖口流入洱海污染水体。洱海流域 TN 和 TP 发生量呈现：最大量为夏季，秋季和春季次之，冬季最少。

1.2.5　洱海流域农业非点源污染控制的主要措施

1. 环境工程建设治理措施

坡地模式：坡耕地采用控 P 减 N，增施有机肥技术，在凹地收集坡耕地来水，建集水池（池内种植芦苇、茭白、茭草）、一级处理池（池水种植莲藕）、二级处理池（池内种植海菜、养殖生态鱼），二级处理池内的水进行复灌利用。

平坝模式：利用废旧池塘对农田排水进行沉淀净化过滤，农田应用生物肥料、增施有机肥，平衡施肥技术，在废旧池塘的基础上，建集水池（池内种植茭白、茭草）、一级处理池（池内种植莲藕）、二级处理池（池内种植海菜、养殖生态鱼），二级处理池外建 2～4m 宽的草坪净化带，最后漫流入湖滨带再入海。

人工湿地模式：农田废水→收集格栅系统→沉沙池→酸化池→布水→多级人工填料植物床湿地→净化系统→出水→湖滨带→入海。

控 P 减 N，增施有机肥技术模式：依据作物目标产量，生物肥、有机肥的供肥特性，土壤供肥能力来减少化肥施用量，从而减少 N、P 流失入海的量。

实行免耕覆盖栽培模式：建设无公害农场品基地。

2. 空间信息模拟技术

20 世纪 90 年代之后，随着计算机技术的飞速发展和地理信息系统（GIS）技术在流域研究中的广泛应用，结合分布式水文模型的研究，用网格划分流域、模拟时空变异、适用于较大尺度流域的非点源污染分布模型被相继提出，这些模型集空间信息处理、数据库技术、数学计算、可视化表达等功能于一身，使得非点源污染模型的应用性能和精度都大为提高。

其中代表性模型有 ANSWERS（Areal Nonpoint Source Watershed Environment Response Simulation）、AGNPS（Agricultural Nonpoint Pollution Source）及其改进版 Ann-AGNPS、SWAT（Soil and Water Assessment Tool）、BASINS（Better Assessment Science Integrating Point and Nonpoint Sources）模型等，其中 BASINS 模型集成了 SWAT、HSPF、PLOAD、QUAL2E 等模型。

ANSWERS 是一个基于降水事件的分布模型，通过模拟土地利用方式对水文和侵蚀响应的影响，对非点源污染进行控制；AGNPS 主要用于评价农业非点源污染的影响，模型包含水文、侵蚀和泥沙输送、氮磷和 COD 的输移等内容。这两个模型的共同缺点是不能模拟融雪过程也不能模拟杀虫剂，营养物在输移过程中的转移和损失也不在模型考虑的范围之内，并且都属于单事件模型，不能用于模拟汇流过程和污染物的输移过程，而之后的改进版本 ANSWERS-Continuous、Ann-AGNPS 则克服了这一缺陷。

SWAT 模型可以预测不同的土壤、土地利用和管理措施对流域径流、泥沙负荷、农业化学物质运移等的长期影响，包括产流、坡面汇流和河道汇流，既可应用于以农业为主的集水区，也可帮助水资源管理者评价水质、营养物和杀虫剂等非点源污染和相应的管理措施模型，也模拟河流内的生物和营养物的变化过程，包括藻类的生长、死亡和沉积、水中的溶解氧、通气和光合作用、水温变化等。可以模拟 5 种形态的氮和磷，包括矿质态和有机态氮、磷；但模型所需的参数较多。

1.3　流域城市非点源污染

1.3.1　污染研究的目的和意义

1. 城市水资源供应紧缺

地表水资源短缺问题是全球面临的主要问题之一，据联合国报告，世界人口数从 1930 年的 2.0×10^8，增加到 1996 年 5 月的 5.8×10^9，预计到 2050 年达到 8.5×10^9。全世界可利用的水资源为 4.7×10^{13} m^3。1930 年，人均占有水资源量为 2.35×10^4 m^3，到 1997 年下降为 7800 m^3，至 2050 时将只有 5500 m^3，仅相当于 1930 年的 1/4。随着城市化进程的加快、经济的发展和生活水平的提高，城市需水量激增，统计表明，自 20 世纪以来，全世界淡水用量增长了 8 倍，其中农业用水增长了 7 倍，城市用水增长了 12 倍，而且每年仍以 5% 的速度递增，即每 15 年增长 1 倍。

水资源短缺突出表现在城市供水问题上，我国 668 座城市中约有 400 多座城市缺水，50 多座城市经常闹水荒。特别是我国的西部地区缺水问题尤为严重，城市供水的紧张状态，严重影响城市居民生活，制约着城市工农业生产的发展，不利于城市经济的可持续发展。

2. 城市水环境恶化

城市化给人类带来经济与社会效益的同时，也产生了一系列生态环境问题，其中地表水环境污染问题尤其突出。目前，非点源污染已经成为水环境的重要污染源，特别是在城市及其下游地区，地表水污染严重，除点源污染的贡献外，有 30%～50% 的地表水受到非点源污染的影响，在一些发达国家，随着工业生态化生产的实施，循环经济的推行，点源污染正在有效地被控制，但城市水环境污染依然严峻，湖泊富营养化现象，水体重金属含量超标，有机营养盐含量、化学需氧量、五日生化需氧量及溶解氧等严重超标，这种来自非点源的污染物对受纳水体的污染显得更加突出，如在美国，非点源污染已经成为环境污染的第一因素，60% 的水资源污染来自非点源污染。并且这种污染来源广泛，形成过程受城市地形条件、气候条件、土地利用方式、城市绿化面积及绿地种类、降水过程等因素影响，具有随机性大、分布范围广、形成机理模糊、潜伏性强、滞后发生、变幅大和控制难度大等特点。

城市非点源污染是一种不定期发生的污染，极易造成区域环境恶化从而危及人类健康。非点源污染不仅污染城市下游水体，也影响城市供水水源，造成城市及下游地区水体富营养化和地下水污染、破坏水生生态环境、威胁水生生物的生存，进而破坏城市生态环境和城市生态系统平衡。因此城市非点源污染的研究十分重要，对有效地控制非点源污染、改善城市水环境质量、保障水资源的有效供给、维持城市生态平衡、促进城市经济发展、实现城市可持续发展有重要意义。

1.3.2 非点源污染研究进展

1. 国外城市非点源污染研究进展

非点源污染的研究始于国外发达国家。美国、英国、荷兰等在 20 世纪 70 年代就对城市地表径流开展了大量的测试及研究工作。几十年来，有关研究逐渐增多，其内容主要包括地表径流雨水的水质测试及特性研究、城市地表径流对受纳水体的影响、描述地表径流污染的数学模型以及污染控制措施等。各国学者对于城市地表径流雨水的水质研究较多，如 Storz 对德国 FRG 地区从 1978 年到 1981 年的 145 场降雨所产生径流的 850 个水样进行了分析，分析项目有重金属、矿物油类、氯化物、化学需氧量、生化需氧量、悬浮物和多环芳烃等，并指出了影响各成分含量的因素。Viklander 测试了瑞典某城市街道上的沉积物的颗粒级配及颗粒中重金属的含量，研究了其与交通流量及周围区域环境的关系。Characklis 等通过对晴天和雨天时市政排水系统的排水日处的水质监测，研究了地表径流中溶解态及胶体态金属含量的分布。

对于地表径流的数学模型，早期的研究集中以土地利用对河流水质产生影响的认识为基础，对降水径流污染特征、影响因子、单场暴雨和长期平均污染负荷输出等方面进行了研究，其具体研究方法是建立统计模型，进而建立污染负荷与流域土地利用或径流量之间的统计关系。自 20 世纪 70 年代中后期以来，随着对非点源污染物理化学过程研究的深入和对非点源过程的广泛监测，机理模型逐渐成为非点源模型开发的主要方向，其中著名模型有 SWMM（城市水管理模型），STORM（城市地表径流数学模型）等。到 20 世纪 80 年代，美国农业部（USDA）研究所开发的 CREAM（化学污染物径流负荷和流失模型），采用了美国农业部水土保持局开发的 SCS 水文模型来计算暴雨径流，充分考虑了污染物在土壤中的物理、化学形态和分布状况，为城市径流污染模型的发展提供了很好的经验。同时非点源污染模型加强 3S（GIS，GPS，RS）技术在其定量负荷计算、管理和规划中的应用研究。进入 20 世纪 90 年代后，在对过去城市径流非点源污染模型多年应用经验进行总结的基础上，不断地完善和提高已建立的模型，推出新的模型。同时，与非点源污染负荷估算相关的流域开发方向、非点源污染管理模型和风险评价成为本时期应用模型研究的最新突破点。随着计算机技术迅速发展和 3S 技术的应用，为城市非点源污染的研究提供了很大的方便。

2. 国内城市非点源污染研究进展

我国的非点源污染研究起步较晚。20 世纪 80 年代开展的我国湖泊富营养化调查标志我国非点源污染研究的开始，之后在北京、广州、沈阳、上海、杭州、苏州、南京等城市开展了非点源污染研究。其中，以北京城市径流污染研究为最具代表性的非点源污染研究。

近年来，城市非点源污染的控制措施研究逐渐增多。有研究者认为，城市化对水体非点源污染的影响主要体现在使非点源污染的"源"、"过程"和"汇"发生了变化。郭青海等以武汉市汉阳区为例，发现农村居民地、城市居民地、商业用地和滩地等用地类型是城市湖泊非点源污染的主要来源。可依照各类汇水单元的不同特点进行非点源污染的分类控制，可以简化控制措施，增强可操作性。针对降雨前 2 小时内产生的径流，从源、污染物迁移过程和汇 3 个阶段采取绿色屋顶、草地、多孔路面、渗透渠、植被过滤带和湿塘等多种 BMPs 及其组合进行去污效果模拟，结果显示控制措施效果比较明显。

过去，我国的城市污水处理率很低，点源仍是主要的。近年来我国城市污水处理厂建设加快，处理量逐年增加，污水处理率不断提高。随着点源污染控制的不断完善，城市非点源污染所占比例正在日益提高。我国对城市非点源污染还缺乏系统深入的研究，对它的控制是环境控制领域薄弱的环节之一。

1.3.3　城市非点源污染的成因分析

1. 城市非点源污染负荷的特点和来源

1）城市非点源污染负荷的特点

污染的广泛性。城市非点源污染源多、分布范围广、污染途径多样化。

污染的随机性。非点源污染源、污染物组分及污染途径具有不确定性，受外在因素影响较大，如降雨、地表径流、地下渗流等往往成为非点源污染的触发机制，促成非点源污染的发生，因此使非点源污染具有偶然性和随机性。

潜在威胁性。这种污染与点源污染不同的是点源污染发生是定点的、可预见的和可控的，而非点源污染则是累积的、不宜观测的和不易控制的，它在土壤中滞留或进入水体造成潜在威胁。

空间相关性。非点源污染涉及大气、水体土壤及地下水等多层空间，同时来源广泛，分布范围广，某一层次发生污染都会影响其他层次，具有空间相关性。

由于城市地面是高度人工化了的非自然地面，因此其产流过程与自然产流有很大不同。城市下垫面大部分为硬化地面，因而产流速度快，下渗少，水流运动速度快，降雨径流过程线幅度大，特别是短时暴雨冲刷及淋洗作用更强，在降雨初期即可产流，且污染物携带量大，是地表非点源污染危害最大时期。

2）城市非点源污染负荷的种类及来源

早在 1981 年，美国就预计城市径流带入水体的 BOD 量约相当于城市污水处理后的 BOD 排放总量，其中有 129 种重点污染物中有 50% 在城市中出现。城市径流中污染物的种类和形态非常复杂，主要来源于大气污染物的干湿沉降、地表堆积的垃圾、建筑工地、交通工具泄露及城市排污管道等多方面。它们在大气降水作用下进入城市河道或水体，造成水体水质恶化，有毒有害物质污染水体对人类健康构成威胁；造成水体富营养化，破坏水生生物的生存环境，造成水生生态系统恶化，进一步影响人类的生活等。

城市降雨径流污染物主要有固体悬浮沉积物、营养物质、耗氧物质、细菌及有毒污染物。

固体悬浮沉积物。主要来自城市裸地的土壤侵蚀、交通工具携带泥沙及锈蚀摩擦产生的碎屑物、大气干湿尘沉降物、工业及居民烟囱排放烟尘等。多集中于老城区，由于老城区建筑密度较大，城区基础设施条件差，地下排水系统容量有限，遇有暴雨时多以地表径流形式进行地表侵蚀，此外工业区、商业区高速公路及建筑工地也是多发地。

营养物质。主要来自居民生活排放的生活污水及建筑工地弃废物，如氮、磷等，值得说明的是，建筑工地是磷的重要来源地，氮则来自于城区周边地区的农用地的化肥。营养物质随地表径流进入城市水体（河流、湖泊）引起水体富营养化，影响水生生物生存，破坏水生生态系统的平衡，最终汇入海洋，引起海洋荒漠化（如赤潮的产生，造成海洋生物大量死亡，海洋生态系统被严重破坏）。

耗氧物质。主要指来自城市生活垃圾、枯枝落叶及废弃物，这些物质进入水体腐烂时消耗大量的氧气，暴雨过后，水中的溶解氧会大量消耗，造成水生生物的大量死亡。

细菌。主要来自城市下水管道溢流、畜牧业及家禽家畜的粪便，其中暴雨径流中粪便大肠杆菌的数量是最多的，它要比游泳健康标准高出 20～40 倍。

有毒污染物。主要包括重金属、杀虫剂、多氯联苯（PCBS）和多环芳烃（PAHS），重金属主要来自城市区域利用的重金属机动车损耗、杀虫剂、多氯联苯（PCBS）和多环芳烃（PAHS）等主要来自城市绿化地及城市周边地区农用地施用的农药、化肥，机动车排放的尾气及大气的干湿沉降。

2. 城市非点源污染负荷的传输与迁移

城市水环境污染有三条主要途径：①工农业生产及居民生活排放到水体中的废水；②城市地表堆积物，如工业废渣、垃圾及交通工具的泄漏物；③工农业生产排放到大气中的污染物通过干、湿沉降返回到地面再经雨水冲刷进入地表水体的污染物。前者属于点源污染，后两者属非点源污染，其中暴雨径流造成的非点源污染是影响城市水环境的重要因素。

调查表明：城市暴雨与下水管道溢流是城市最主要的非点源污染源，城市暴雨径流携带的污染物主要通过城市地表径流和地下径流来传输。暴雨径流携带的污染物传输是地球元素迁移中的水迁移过程。水是地球表面分布最广的物质，水分子的偶极性与高介电常数，使水成为自然界中良好的溶剂，对非极性化合物来说，在水分子的强极化力诱导下也会产生一定程度的溶解现象，这使水中污染物会发生一定程度的转化。另外，水是地球表层气－液－固三相中居中间位置的成分，它起承上启下的作用，又因其具有流动性，故成为承载大气、固体地球表面中污染物的主要传输的载体。大气中的各种自然风化与人为污染物质通过干湿沉降或通过地表径流侵蚀进入水体的重金属、N、P 等高分子聚合物成为水体污染的重要来源。

城市非点源污染经历降水－淋洗－径流－地表冲刷－受纳水体的一系列水文过程，并形成一个概念化系统。在城市水循环过程中，大气污染物会随降雨沉降到达地表，地表积累物也会随水流运动进入受纳水体，从而造成城市及下游河段地表水污染。

进入受纳水体的污染物质通过吸附—解吸、溶解—沉淀、氧化—还原完成污染物的形态转化；并通过对流作用、挥发作用和沉积作用实现污染物的迁移；再通过生物降解、挥发作用、光解作用、水解作用及氧化还原作用实现污染物的转化。

3. 城市非点源污染的环境影响

城市非点源污染主要是城市暴雨径流携带地表固体沉积物、营养物质、耗氧物质、细菌及有毒物质进入城市下游受纳水体，并在水体中发生一系列物理化学过程而对水质及水生生物造成影响，进而威胁人类健康。

1）造成受纳水体富营养化

城市园林绿地及城郊菜地农药化肥的施用、家畜粪便及生活垃圾的处理不当，随降雨径流排入水体，是造成水体富营养化的主要原因之一。由于氮肥的施用及城市居民生活排出大量洗涤用水及生活垃圾的堆放，造成水体中 NH_3-N 含量增高，使藻类大量繁殖，并大量消耗水中的溶解氧，导致水生生物窒息而死亡，破坏水生生态系统平衡。此外，水中大量的 NO_3^-，NO_2^- 若经食物链进入人体，将危及人类健康，甚至有致癌作用。

2）耗氧有机物造成水质恶化

降雨携带地表沉积的大量耗氧有机物如碳水化合物、蛋白质、脂肪等进入水体，消耗水体大量的溶解氧，使水体中化学需氧量（COD）和生化需氧量（BOD）大大增加，造成水体中溶解氧严重不足甚至耗尽，恶化水质，并对水生生物生存产生危害。

3）有毒有害物质进入受纳水体威胁人类健康

降雨携带的重金属、杀虫剂、多氯联苯（PCBS）和多环芳烃（PAHS）等有毒有害物质进入受纳水体被水生生物吸收后，会在生物体内富集或转化，威胁水生生态系统的安全，一旦经食物链进入人体，将引起人体中毒或致癌、致畸、致突变等不良后果，造成人类健康的巨大威胁。

4. 城市非点源污染控制的基本途径

城市非点源污染控制可从污染源、污染物传输途径和受纳水体终端治理两个方面来进行。由于城市非点源污染物来源的不确定性、传输过程及传输途径的复杂性，控制非点源污染还需从污染源和传输过程设计治理方案，使城市非点源污染得到根治。

城市非点源污染来自降雨径流对地表沉积物的冲刷。因此污染程度一方面取决于污染物的累积量——源，另一方面取决于地表径流量——汇。

1）源的治理

城市非点源污染物主要来自大气沉降和地表累积物的冲刷，大气沉降因受大气环境质量的影响，变幅大、难以预测和控制。因此控制地表累积物的数量成为城市非点源污染控制的主要内容。

改善城市环境质量，定期进行街道清扫并适当增加街道清扫次数和质量以减少城市地表累积物的数量；控制居民及工商业产生的垃圾倾倒时间与场所，减少污染物的随意排放；控制城市绿地及街道绿化廊道化肥及农药的使用，减少 N、P 等营养物质的累积；

加强城市环境管理，建立健全监督监测制度，控制污染源。

　　2）汇的治理

　　城市非点源污染是在暴雨发生后产生的大量地表径流条件下冲刷地表累积物造成的，因此减轻城市雨洪量可以有效控制城市非点源污染。径流量的大小取决于雨强、雨频、雨期蒸发量和地表下渗率，其中对地表下渗率起决定作用的是地表下垫面的透水率。提高地表下渗率能有效地控制地表冲刷能力、抑制地表累积物进入受纳水体的数量。

　　减少地表累积物数量和控制地表径流量成为城市非点源污染控制的关键要素。这一目标还有赖于一系列控制措施来实现。如：景观生态设计、建设城市生态小区、城市雨水资源化等。

1.3.4　洱海流域城市非点源污染现状调查

1. 洱海流域的城市化现状

　　城市化水平的测度有两个主要指标：一是人口比例，二是土地利用状况。其中城市人口占总人口的比例是一个常用的城市化测度指标。

　　洱海流域包括大理市和洱源县两个部分，辖 16 个乡镇，居住着汉、白、彝、回、傈僳、苗、纳西、阿昌等 22 个民族，总人口约 85.48 万人，其中非农业人口 22.56 万人，占总人数的 26.4%，人口密度为 333 人/平方公里。城市化水平约为 25%～26%。这是一个不低的城市化率，远远高于云南城市化的平均水平。

2. 洱海流域的城市非点源污染时空分布现状

　　洱海流域城市人口分布较为广泛，主要集中在大理镇和下关镇两个部分，下关镇为大理市主要的经济开发区，地处洱海流域的下游。洱海流域的城市非点源污染主要集中在城市化水平较高的城镇，因此，大理镇和下关镇成为了城市非点源污染发生量最大的地区。由于洱海地处低纬高原，干湿季分明，所以在一年中，冬季雨量较少，而夏季雨量则较为充沛。大量的暴雨径流使得夏季成为了城市非点源污染发生的最大季节，一方面：在降雨过程中雨水及其形成的径流流经城市地面（如商业区、工业区、居住区、街道、公园绿地等），将地表下垫面累积的污染物（如原油、氮、磷、有毒有害物质及有机物）带入城市水体造成水体的污染；另一方面：大量的降雨使得大气中的各种自然风化与人为污染物质通过干湿沉降或通过地表径流侵蚀进入水体造成了水体的污染。洱海流域的城市非点源污染的时间分布呈现了夏季较多，秋季次之，冬季最少的局面。

1.4　流域非点源污染形成的链式驱动机制与概念模型

1.4.1　流域非点源污染形成的链式驱动机制

　　国内外相关研究（陈勇等，2012；Dennis，Gorwin，1998）表明土地利用不仅是非点源污染产生的根源，也是污染物迁移的媒介，土地利用规模、结构和布局对非点源污染有显著影响。然而，土地的这种属性变化主要是由于人类活动所引起的，人类活动强烈地改变了地表土地利用的类型，土地利用类型的改变影响了地表径流中营养盐物质的来源与组成，最终导致了水污染的形成。这样就形成了"人类活动→土地利用/覆被变化→流域生态系统结构改变和功能退化→非点源污染形成"链式驱动机制及驱动过程，其模型机理如图1.5所示。

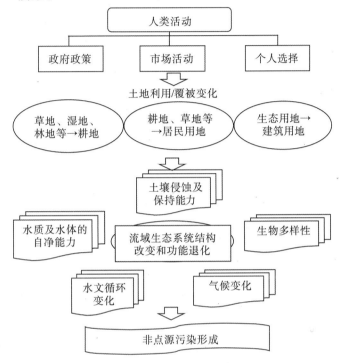

图1.5 洱海流域非点源污染的链式驱动机制及概念模型

1.4.2 流域非点源污染形成的概念模型

洱海流域是大理自然环境比较优越、适宜人类居住的区域，是人类活动最频繁的地区，也是人类对土地利用改变最大的区域，是流域非点源污染的形成链式驱动的典型过程。因此，为了研究洱海流域非点源污染的形成，需要从如下几个方面来研究洱海非点源污染形成的概念模型。

1. 流域用地变化的驱动因子及其影响

洱海流域的土地利用和覆被变化受到人类活动的影响较为激烈，这主要体现在流域工农业生产与城市发展两大方面。前者主要包括影响用地选择的自然因素，比如地形地貌、自然资源的地理空间分布以及气候水义等；后者除了自然因素外，还可能包括一些影响城市发展的社会因素，比如，经济、教育、文化、医疗等社会资源的分布。而这些因子对用地变化的驱动机理并不是单一的，而是多元的，因而造成了流域用地变化过程的复杂性。为此，需要专门将上述驱动因子作为主要参数，建立流域土地利用变化的模拟模型，来分析和预测流域用地变化的特征与趋势。

2. 洱海流域非点源污染形成的主要驱动因子及其影响

从流域整体上看，非点源污染的产生、迁移、汇集主要是由于流域用地结构和功能发生变化而导致的，但是对于不同的土地利用类型其污染产生、运移的机理有很大的差别。根据对洱海流域的非点源污染现状分析，可以分别从农业非点源和不透水表面来研究非点源污染的形成机理，其主要的研究内容应包括：基于遥感技术的农业非点源和不透水表面提取、分类研究；地形、地貌、土壤及气候等对农业非点源和不透水表面产汇流影响分析；农业非点源和不透水表面水污染的产、汇、流及空间分布。

参 考 文 献

陈述彭. 2001. 城市化与城市地理信息系统[M]. 北京：科学出版社.

陈纬栋. 2011. 洱海流域农业面源污染负荷模型计算研究[D]. 上海：上海交通大学.

陈勇，李首成，康银红. 2012. 中国农业非点源污染源及其产生根源解析[J]. 江苏农业科学，40 (10)：320-324.

何萍，土家骥. 1999. 非点源污染（NPS）污染控制与竹理研究的现状困境与挑战[J]. 农业环境保，18 (5)：231-237.

蒋金，安娜，张义，等. 2012. 水文过程中降雨径流对非点源污染的影响[J]. 安徽农业科学，40 (6)：3529-3531.

郎新珠. 2011. 基于 GIS 的云南洱海流域土壤侵蚀定量评价[D]. 济南：山东理工大学.

路月仙，陈振楼，土军，等. 2003. 地表水环境非点源污染研究的进展与展望[J]. 环境保护，11：22-25.

倪喜云，杨苏树，罗兴华. 2005. 洱海流域农田面源污染控制技术模式[J]. 云南农业科技，6：7-8.

邵亮. 2011. 农业非点源污染研究进展[J]. 辽宁农业科，6：47-52.

王和意，刘敏，刘巧梅，等. 2003. 城市降雨径流非点源污染分析与研究进展[J]. 城市环境与城市生态，16 (6)：283-285.

王莉玮. 2005. 重庆市农业面源污染的区域分异与控制[D]. 重庆：西南大学.

吴寿昌. 1997. 城市暴雨径流污染[J]. 日一肃环境研究与监测，10 (3)：23-25.

胥彦玲. 2007. 基于土地利用/覆被变化的陕西黑河流域非点源污染研究[D]. 西安：西安理工大学.

许书军，魏世强，谢德体. 2004. 非点源污染影响因素及区域差异[J]. 长江流域资源与环境，13 (4)：389-392.

严登峰. 2010. 农业非点源污染研究概况[J]. 福建热作科技，35 (2)：41-44，37.

杨爱玲，朱颜明. 2000. 城市地表饮用水源地保打研究进展[J]. 地理科学，20 (1)：72-77.

姚时章，蒋中秋. 2000. 城市绿化设计[M]. 重庆：重庆大学出版社.

翟玥，尚晓，沈剑，等. 2012. SWAT 模型在洱海流域面源污染评价中的应用[J]. 环境科学研究，6：666-671.

张乃明. 2002. 我国农业非点源污染研究概况与展望[J]. 土壤与环境，1：101-103.

张秋玲. 2010. 基于 SWAT 模型的平原区农业非点源污染模拟研究[D]. 杭州：浙江大学.

郑一，王学军. 2002. 非点源污染研究的进展与展望[J]. 水科学进展，13 (1)：105-110.

中国科学院可持续发展研究组. 2000. 中国可持续发展战略报告[M]. 北京：科学出版社.

朱梅. 2011. 海河流域农业非点源污染负荷估算与评价研究[D]. 北京：中国农业科学院.

朱乾德. 2010. 平原河网典型区域非点源污染规律与调控模拟研究[D]. 南京：南京水利科学研究院.

Brun S E, Band L E. 2000. Simulating runoff behavior in an urbanizing watershed[J]. Computers, Environment and Urban Systems, 24（1）：5-22.

Dennis L, Gorwin K. 1998. Non-point pollution modeling based on GIS[J]. Soil and Water Conservation, （1）：75-88.

Fisher D S, Steiner J L, Endale D M. 2000. The relationship of landuse practices to surface water quality in the Upper Oconee watershed of Georgia[J]. Forest Ecology and Management, 128：39-48.

Pappas E A, Smith D R, Huang C, et al. 2008. Impervious surface impacts to runoff and sediment discharge under laboratory rainfall simulation[J]. Catena, 72（1）：146-152.

Paul M J, Meyer J L. 2001. Streams in the urban landscape[J]. Annual Review of Ecology and Systematics, 32（1）：333-365.

第二章 流域非点源污染监测与模拟技术

2.1 地理信息系统技术

地理信息系统（GIS）是在计算机硬、软件系统支持下，对整个或部分地球表层（包括大气层）空间中的有关地理分布数据进行采集、储存、管理、运算、分析、显示和描述的技术系统。GIS作为传统科学与现代技术结合而成的一门跨学科、多方向的研究领域，它与许多学科都有密切的联系，如测绘学、地理学、地图学、计算机科学、卫星遥感、管理信息系统、全球定位系统等，这些学科的发展为GIS的发展提供了新的技术和方法（吴升，王家耀，2000）。GIS作为一种专门用于管理地理空间分布数据的计算机系统，具有强大的模拟现实功能（边馥苓，1996）。其强大之处在于它能将空间信息的处理与属性信息完美结合起来，使人们不仅仅知道存在什么样的信息，而且还知道发生在什么地方，并能研究其在空间与时间上的变化。GIS改变了人们传统制图和用图模式，用现代计算机技术管理和分析空间数据，并将结果目视化，提高了人们认识能力和信息处理能力，为科学管理和决策提供了重要手段。

2.1.1 地理信息系统技术的发展

GIS始于20世纪的60年代，主要用于土地管理和规划，偏重于计算机辅助地图制图，其空间数据处理功能较差。1963年，加拿大测量学家Tomlinson首先提出了"地理信息系统"这一科学术语，并建成世界上第一个GIS系统，即加拿大地理信息系统（CGIS），用于自然资源的管理和规划（黄杏元，汤勤，1990）。这是地理信息系统的起步阶段。最早的GIS系统主要用于地质勘探领域，所具有的功能比较简单。进入20世纪70年代以后，全球环境问题成为一个较为敏感的问题，自然资源的开发也引起了普遍重视，为GIS的推广应用及发展提供了条件，一些发达国家，如美国、瑞典和加拿大等先后建立了各种专业的GIS，这一时期GIS的重要发展是采用了交互式的工作方式，加入了对部分地理数据的分析处理。进入20世纪90年代以来，计算机性能的不断提高，遥感（RS）与全球定位系统（GPS）的加盟，进一步推动了GIS的发展。与此同时，除美国、加拿大外，欧洲、澳大利亚和日本等都在积极参与GIS的开发和应用，不仅政府部门，私人企业对GIS的需求也在不断增长。同期，GIS的理论也有重大突破，地理信息系统于1992年由Goodchild系统的提出，从而使GIS与传统的地图覆盖技术区别开，独立成为一门新的边缘学科。

国内的GIS发展相比国外起步较晚，主要是20世纪80年代才开始发展起来。被称为"中国GIS之父"的中国科学院资深院士陈述彭先生在20世纪80年代提出在我国发展地理信息系统的理论方法、技术体系和应用工程，掀起了我国地理信息系统研究、教学与产业化的高潮。1996 年，在创建地理信息系统的理论与方法、技术学科体系和应用前景的基础上，陈述彭院士提出了地球信息科学这一新兴学科领域，通过研究地球信息的理论框架和研究内容，以地球科学、计算机科学、信息科学等多学科、多门类进行融合，对地球信息科学的学科理论体系、科学基础层次、主要研究内容以及应用领域做出了全方位的阐述。

20 世纪 80 年代以来，随着计算机和信息技术的飞速发展，GIS 的强大功能在非点源污染研究领域得到了迅速应用，并逐渐成为对非点源污染负荷进行定量研究的主要手段。

2.1.2　地理信息系统的功能

地理信息系统经过了 30 多年的发展，无论在技术上还是在应用上都日趋成熟，已经形成统一的功能结构。

首先，GIS 数据提取、管理和空间分析能力很强，使模型可以直接对 GIS 管理和分析的数据进行读取，大大提高了数据获取和输入的效率。GIS 中数据采集与编辑是通过各种数据采集设备（数字化仪、扫描仪、CCD 相机、键盘、自动测量系统、卫星接受系统等），把现实世界的空间信息和非空间信息变成数字化数据，同时可以对其进行编辑修改，得到正确的空间拓扑数据。

空间查询与空间分析是 GIS 的核心，也是 GIS 与计算机辅助设计（CAD）、数据库管理、自动制图等相关系统的主要区别。空间查询可按属性信息的要求查询空间位置，也可以按空间位置来查询相关的属性信息，用户可以通过 GIS 的空间分析技术对原始数据模型进行观察与实践，从而获得新的经验与知识，并以此作为空间行为的决策依据。

在非点源污染模型应用中，由于土壤、土地利用、地形和气候等景观特性的时空变化影响自然系统的水力响应，水文模型难以获得这些描述差异的大量输入参数，而生成、组织、管理空间数据正是 GIS 的优势。

其次，基于栅格数据的 GIS 可对矢量数据进行转换，并将流域细分成满足研究要求的栅格图，通过输入格网单元的信息并运行模型，可逐步运算至流域出口，这对动态模拟流域内的非点源污染是非常方便的。

再次，GIS 能将不同比例、不同坐标系的空间数据进行转换和标准化，并将它们的相互作用与关系显示出来，还能将空间数据与空间属性数据集合起来，为分析地形的空间变异提供一致的框架，进而能为反映不同目的和不同空间代表性的模型提供连接机制，实现数据共享，使水土流失、化学物质迁移和湖泊响应等多个非点源污染模型能够连接在统一的 GIS 模拟框架内运行，利用 GIS 中数据综合、地理模拟与空间分析等优势为模型中数据输入的准备和发展执行复杂的控制和分析，把地形和地理特性相似的统一体联结起来。

另外，GIS 在数据可视化、思维可视化技术的支持下，将数字分析的结果表达为空间图形，以标明污染物分布及动态扩散的状况，其景观视觉效果分析对模拟结果进行的可视化处理，能使模拟结果分析更加直观，能有效地识别污染物流失异常的关键位置或者地区，为各级决策部门提供依据，对污染严重地区实行重点控制；GIS 中同一对象的多视图显示、污染的三维输出增强了资源管理者深入分析和做出正确决策的能力，模拟结果可以用专题图片、统计报表等形式表达，不仅显示了流域的直观影像，而且显示出非点源污染物的空间分布规律，为流域的专题研究提供了重要的基础数据；其放大、缩小、漫游等功能使模拟者能检查不同范围的各种信息，当进行模型检验、评价不同农业管理措施时，GIS 中功能强大的数据检索、更新能力，使得模拟框架中只需更改一些数据便可达到目的，与人工计算方法相比，大大提高了速度，节约了资金，节省了时间。

2.1.3　地理信息系统的应用

国际上 GIS 的应用已涉及环境、军事、石油、电力、土地、公安、医疗、市政、城市规划、经济咨询、灾害损失预测、投资评价等众多领域。当前国际上 GIS 已由科研转入实用。1988 年美国还建立了地理信息和分析中心，对 GIS 进行重点研究与开发。德国长期以来应用 GIS 进行地籍管理、市政管理和城市规划，取得了相当的社会效益和经济效益。澳大利亚也是应用 GIS 较为成熟的国家，其软件 GENMAP 已销售到美国、西班牙、意大利等 20 多个国家。另外，日本、新加坡等国家在 GIS 应用方面也开展了许多工作，建立了许多与 GIS 有关的部门与组织机构，制定 GIS 研究方向，并着手进行各子系统的应用开发。

"七五"计划之后，我国投入了较大的人力和物力研究开发 GIS，一批科研和教学单位已开展了 GIS 研究和应用工作，一些部门和城市建立了各具特色的综合或专业性 GIS。中科院资源环境信息系统实验室等单位主持完成的"黄土高原信息系统"，可用来查清黄土高原地区资源状况，拟定治理水土流失方案。1992 年，广州建立了"广州市规划信息系统"，以服务城市管线、用地、小区规划、市政建设等一系列应用领域。1996 年清华大学推出了 Milestone 软件，并在许多部门的 GIS 系统中得到应用。由中科院测绘科学研究院完成的"国务院综合国情地理信息系统"已被安装在国务院常委会议室和中共中央政治局常委会议室，成为我国最高层次决策工作中得力的现代化助手。1994 年 4 月建设部和国家测绘局共同成立了中国 GIS 学会，对加强信息交流，共同促进 GIS 应用的繁荣起到了有力的推动作用。但总体上说，与国际 GIS 相比，国产 GIS 相对落后，商品化程度不高，在适应范围、系统功能、用户数量等方面还有差距，其大部分还停留在研究成果阶段或单项技术研究状态。

2.1.4　地理信息系统技术的发展趋势

GIS 作为信息系统的一种，越来越受到人们的重视。人类迫切需要充分了解自身赖以生存的地球空间，日益感受和认识到准确掌握地球信息的重要性。因此可预计，GIS 将具有强大的生命力和无限美好的前景，今后几十年将是 GIS 技术的研究和应用发生爆炸性增长的时代。

1. 真三维数据结构

在 GIS 的分析中，通常采用二维或 2.5 维来表示三维现象，三维数据处理通常是将 Z 值当作一个属性常数，如 DEM 数据。这种二维或 2.5 维数据结构难以真正表达三维空间数据及随时间变化的空间数据。20 世纪 90 年代以来，二维的 GIS 系统已经日趋成熟，也已经被用于各种行业当中，逐渐人们已经不满足于单纯二维的平面数据，迫切希望出现具有更多功能的三维 GIS 系统，并且将虚拟现实技术、空间信息技术，遥感技术集成作为三维可视化技术的最新研究成果，同时也继承了二维 GIS 的传统功能（朱庆，2004）。近些年来，计算机的发展使显示和描述物体的三维几何特征和属性特征成为可能，因此真三维数据结构成为 GIS 研究中的一个热点。空间和时间是许多实时世界现象的两个重要方面，在 GIS 研究中具有重要的意义。近几年来提出了开发时空四维数据模型来更好地表示这个不断变化的三维世界，这一个方面正在逐渐深入研究。

2. GIS 与专家系统、神经网络的结合

GIS 与专家系统的结合称为专家 GIS 或基于知识的 GIS 或智能 GIS，它实际上是基于知识的专家系统（Knowledge-Based Expert System，KBES）在 GIS 中的一种应用。GIS 虽然经过 30 多年的发展，但是它的应用还主要停留在建立数据库、数据库查询、空间叠加分析、缓冲区分析和成果输出显示上，缺乏知识处理和进行启发式推理的能力，还无法为解决空间复杂问题（如城市规划与管理、交通运输管理、生态环境管理等）提供足够的决策支持。因此，这些问题的解决需要大量的人为知识与经验，从而使 GIS 与 KBES 相结合并通过神经网络成为解决一些空间复杂问题的重要途径，目前这方面的研究已得到广泛的重视。

3. 虚拟 GIS

虚拟 GIS 也就是 GIS 与虚拟现实技术相结合。虚拟现实（Virtual Reality）技术是当代信息技术高速发展，各种技术综合集成的产物，是利用计算机设备通过仿真软件模拟产生一个基于三维的虚拟环境，模拟出用户的视觉、听觉、触觉等感官性的感受，让用户仿佛置身于真实环境一样，并且可以实时、无任何限制地观察与体验三维空间内的事物。当使用者移动所处的位置时，计算机可以通过立刻进行复杂的数学运算，计算出结果，产生具有临场效果的三维影像画面。概括地说，虚拟现实技术是对通过计算机处理的复杂空间数据的可视化和进行人机交互的一种全新的方式，与传统的人机界面以及流行的窗口化操作界面相比较，虚拟现实技术理论基础已经有了很大的飞跃。GIS 与虚拟环境技术结合，将虚拟环境带入 GIS 可以使 GIS 更加完善（李德仁等，2001）。GIS 用户在计算机上就能处理真三维的客观世界；在客观世界的虚拟环境中将能更加有效地管理、分析空间实体数据。因此，开发虚拟 GIS 已成为 GIS 发展的一大趋势。

4. 地理信息系统与遥感、全球定位系统的集成技术

3S 分别为 RS（遥感系统）、GPS（全球定位系统）、GIS（地理信息系统）。顾名思义，3S 集成技术即将遥感系统、全球定位系统、地埋信息系统融为一个统一的有机体。它是一门非常有效的空间信息技术（Korte，1997）。就在集成体中的作用及地位而言，GIS 相当于人的大脑，对所得的信息加以管理和分析；RS 和 GPS 相当于人的两只眼睛，负责获取海量信息及其空间定位。遥感系统对遥感图像采集、图像处理和识别分类的功能很强，而 GIS 对图形的处理、管理和定向分析功能很强，两者集成或一体化后，就能取两者的优点而填补两者的缺陷，再加上全球定位系统，就能对地表或空间的物体执行定时的精确定位，使 GIS 有更强的间断和决策能力。因此，GIS 与 RS 和 GPS 的集成成为一种必然的趋势。RS、GPS、和 GIS 三者的有机结合，构成了整体上的实时动态对地观测、分析和应用的运行系统，为科学研究、政府管理、社会生产提供了新一代的观测手段、描述语言和思维工具。随着信息技术的飞速发展，3S 集成系统有一个从低级到高级的发展和完善过程，目前尚属起步阶段。

5. 开放式 GIS

空间数据共享是当前 GIS 用户所面临的一个主要问题，因为 GIS 的多种数据源、多种类型的数据格式之间有许多方面不统一。此外，大多数 GIS 应用系统由于各自采用不同的应用软件、不同的数据模型和数据结构，从而造成了各个系统彼此相对封闭，系统间数据交换困难。随着 GIS 应用范围的进一步扩大及网络技术的发展，在当今大力发展资源共享的信息时代，建立面向用户的资源共享的开放式 GIS 已势在必然。

所谓开放式 GIS 是指在国家和世界范围内的分布环境下实现空间数据和地理信息处理资源的共享（李斌等，2000）。它是随着计算机网络技术、客户服务技术、ODBC（Open Database Connectivity）技术、GIS 技术等不断发展与成熟而产生的，它是通过"开放式地理数据交互操作规程（Open Geodata Interoperability Specification）"（Clark，1997）来实现的，它允许用户通过网络实时获取不同系统中地理信息，避免了冗余数据存储，是实现空间数据共享的一次深刻革命。

2.2　遥感技术

遥感技术即在不直接接触的情况下，对目标或自然现象远距离感知的一种探测技术，狭义上是指在高空和外层空间的各种平台上，运用各种传感器获取地表信息，通过数据的传输和处理，来研究地面物体形状、大小、位置、性质及其与环境相互关系的一门现代化技术科学，正经历着从定性向定量、从静态向动态的发展变化。流域非点源污染是指溶解的或者固体污染物在雨滴打击和径流冲刷、淋溶作用下，从非特定的地点随地表、地下径流迁移并随之汇入河流、湖泊、水库等水体，引起受纳水体的污染或富营养化。目前，人们主要采用现场监测和模型模拟的方法估算流域非点源污染。由于非点源污染发生时间的随机性和产生形式的间断性，常规环境监测技术很难实现对非点源污染进行全面监测；采用模型模拟时，通过实测得到的各种模型输入参数也很难全面反映其真实情况，影响了模型的模拟效果。

遥感技术可实时、快速地记录大面积流域的空间信息及各种变化参数，提供精确的定性和定量数据，并能对各种信息进行定量分析、动态监测和自动成图，已成为非点源研究中获取流域各种信息的主要手段。具体应用主要包括两个方面：一方面，遥感技术直接用于流域非点源污染环境监测。另一方面，遥感技术用于流域非点源污染定量模型的建立过程中，在具备多源遥感数据的前提下，通过遥感图像处理、目视解译与制图、遥感数字图像计算机解译，可以容易地获得流域非点源污染各影响因子的空间分布和差异规律，确定一定流域范围和主要非点源污染因子，并根据非点源污染定量模型对遥感数据处理结果进行定量分析，宏观上把握非点源污染状况。

遥感技术作为非点源污染数据获取和动态监测的重要手段，具有许多优点：①通过地球观测卫星或飞机从高空观测地球，可进行大面积同步监测，获取环境信息数据快速准确，并具有综合性和可比性，如能及时发现陆地淡水或海水的污染，大面积空气、土壤污染等；②利用遥感技术获取非点源污染信息，具有可获取大范围资料、获取信息手段多、信息量大、获取信息速度快、周期短和获取信息受条件限制少等特点；③遥感的费用投入与所获取的效益，与传统方法相比，可以大大节省人力、物力、财力和时间。

2.2.1 遥感技术监测流域非点源污染

利用遥感技术可以直接进行大气、水、地面等非点源污染源或污染物的环境监测。这方面国内外一直有一些研究（吴鹏鸣等，1995；阎吉祥等，2001），见表2.1。

表 2.1 遥感技术监测非点源污染概况

遥感平台	流域非点源污染类型
微波辐射	测定流域空气中 CO、N_2O 等有害气体
激光雷达	利用有害气体大都有喇曼反射的性质，测定流域中如 CH_4、C_2H_6、H_2S、CO、NO、CO_2、N_2O、SO_2 等
陆地卫星、航测	热水污染监测：用 $8\sim14\mu m$ 波段的热红外扫描仪进行航空遥感 水体污染监测：高度富营养化，受到严重有机污染，用近红外测定；污染物浓度较大，水色普遍变色，用可见光测定 油类污染监测：用紫外、可见光与近红外遥感测定油膜厚度，进而判定油污染种类，用热红外测定油温和水温差异，进而判定污染区域 植被污染监测：测定城市化带来的地表覆盖变化和自然净化能力减少程度，测定植物的质量、存在的种类及受害程度、长势 土壤污染监测：测定土壤盐渍化、贫瘠化程度。通过作物的长势，间接判断受污染程度

2.2.2 遥感技术提取非点源污染模拟模型参数

1. 在土壤类型和性质监测中的应用

不同土壤类型的质地、结构大小及稳定性、黏粒类型、土壤渗透性、有机质含量和土壤厚度等理化性状不同，这些因素都会影响非点源污染的产生。研究表明，土壤的光谱特性与土壤的理化性质存在明显的关系，不同土壤有不同形态的反射特性曲线（戴昌达，1981）。因此可以利用遥感技术，建立土壤光谱与土壤理化性质之间的相关关系，定量反演土壤质量状况。尤其是随着高光谱遥感的出现，通过对土壤理化性质与土壤精细光谱信息的定量分析，进一步提高了土壤性质反演的精度。土壤类型相对稳定，土壤含水量和营养元素含量却不断变化，遥感技术在这两个方面的应用也比较广泛。

1）土壤含水量

土壤含水量对非点源污染的影响主要表现在径流和污染物的迁移。土壤含水量可以影响降水的产流量，从而对非点源污染的模拟结果造成显著影响（刘金涛，张佳宝，

2006）。土壤含水量也是影响坡地土壤溶质流失的重要参数，王辉等（2008）研究表明，在前期含水量高于 20% 时，硝态氮才会随径流大量流失；随着土壤含水量的提高，堘土溶解态磷流失量呈减少趋势，砂黄土中则呈增大趋势。研究也表明土壤含水量越高，氮素矿化程度也越高（杨路华，沈荣开，2002）。自 20 世纪 60 年代末，美国学者就开始研究土壤含水量对光谱反射率的影响，我国学者自 20 世纪 80 年代以来，也开始了这方面研究。邓辉等（2004）利用 TM2、TM3、TM4 波段数据，建立了土壤含水量遥感监测模型，采用反演模型与地面实践相结合的方法，建立了土壤含水量遥感动态监测系统。张智韬等（2010）在应用遥感数据监测土壤含水量时，加入热红外波段 TM6 后的监测结果明显优于不加入的结果，提高了监测精度。张穗等（2008）利用地面光谱采样与土壤采样同步进行的方法，选择 ETM＋遥感数据，对农业灌区的土壤含水量进行定量监测，实现了土壤含水量的遥感定量分析。

2）土壤营养元素含量

土壤中营养元素含量直接关系到产流中污染物浓度。目前，对土壤营养元素的遥感监测主要集中于有机质。土壤有机质含量和有机质的组成对土壤反射率具有重要影响（魏娜等，2008），通过回归分析建立土壤有机质与特征波段之间的关系，监测土壤有机质。卢艳丽（2007）通过反射率及其不同变换形式的光谱数据与土壤有机质的相关分析，确定反射率的对数光谱在 820nm 附近对不同土壤类型有机质均呈良好的相关性，并利用 $\log R_{(820)}$ 建立了不同土壤类型有机质监测模型。刘焕军等（2007）对黑龙江省黑土有机质高光谱反射曲线特征定量分析，发现有机质含量与归一化高光谱反射率间的相关系数在 710nm 附近达到最大，建立的回归预测模型精度较高，稳定性好。除有机质外，徐永明等（2005）利用土壤光谱各吸收带的特征参数与总氮含量进行逐步回归运算，结果表明土壤的反射率光谱与氮元素含量之间存在明显的相关性。

2. 在水文和气象监测中的应用

1）降水量

降雨作为产汇流的驱动因子之一，其时间和空间的变化影响产汇流规律，从而影响非点源污染的产生。现有的非点源污染估算使用的降水数据主要来源于雨量站，然而我国雨量站的数量不足且分布不均，影响了非点源污染估算的准确度，遥感数据能弥补雨量站稀少的不足，近年来许多学者利用雨量站和遥感数据反演降水量（Huffman et al.，2000）。利用遥感技术估算区域降水的方法按计算原理可分为直接方法和间接方法。直接方法主要利用微波波段直接估算降水，根据降水层的冰晶层对于微波辐射的散射效应直接反演降水信息。间接方法主要根据云的亮度、种类、面积与降水之间的关系作为统计因子用统计方法间接反演降水信息，具体方法主要包括云指数法、云生命史法（张利平等，2003）。

2）积雪和融雪量

融雪径流也是非点源污染的驱动因子之一，积雪量是融雪径流模拟的重要参数，积雪量不但受降雪量、蒸发量等因素影响，而且降雪期间的地形因素、降雪后的风力等也会造成积雪分布不均，遥感技术的发展使大范围监测雪覆盖成为可能。王建等（2001）

利用遥感数据获取了 SRM 融雪径流模型中所需的雪覆盖面积参数，取得了很好的效果。Sun 等（2006）建立了新疆地区基于 AMSR-E 数据的雪深反演模型。刘兴元等（2006）以新疆阿勒泰牧区为例，利用 NOAA 卫星数据与地面观测资料，通过雪深反演模型和线性混合光谱分解原理，监测雪深和积雪分布面积，并综合考虑雪情、草情、畜情和气象等因素，构建了牧区雪灾遥感监测评价体系。除对积雪量的遥感监测外，研究人员还将遥感技术应用于融雪过程中，赵求东等（2007）利用 EOS/MODIS 遥感数据，结合气象数据获得瞬时的能量平衡信息，改进了融雪模型中日融雪量的估算方法。模拟值与实际观测值之间偏差较小，表明该方法是可靠的。雪面温度是影响融雪的重要因素，周纪等（2007）利用遥感技术进行了雪面温度反演和动态监测，建立了基于 MODIS 数据的中纬度地区雪面温度遥感反演方法，并将该方法应用于环青海湖地区，取得了较理想的效果。

3）蒸散发量

蒸散发是土壤-植物-大气界面上的水分散失过程，包括水分在土壤中的迁移和在地表的汽化，是陆地水分和能量循环过程中的重要环节。蒸散发量也是影响非点源污染产生的一个重要因素，随着蒸散发量加大，产流量降低，随径流迁移的非点源污染也降低。采用遥感技术监测地表蒸散发量具有快速、宏观、方便等特点，减少定点测量带来的地区性误差。采用遥感技术监测蒸散发量是一个较成熟的技术，通常使用的计算模型包括单层模型和双层模型。单层模型将植被和土壤作为单一的混合层计算，虽然模型具有计算较简单、输入数据较少等优点，但只有在研究区域下垫面较为单一的条件下，才能取得较好的模拟效果（易永红，2008）。为了适应蒸散发量遥感监测中复杂下垫面的需求，研究人员提出了双层模型，将蒸散发过程分为土壤蒸发和植物蒸腾两部分，现有的 SWAT 等非点源污染模拟模型（Neitsch et al.，2005）等应用的都是双层模型。模型基本思想是：水汽和热量的两个源是互相叠加的，下层土壤的通量只能透过顶部冠层才能传输出去，从整个冠层散发的总通量是各组分通量之和。该模型及其改进模式成为地表蒸散发量遥感监测的主要方法（辛晓洲，2003）。

3. 在植被覆盖和植被类型监测中的应用

地表植被可以拦截雨滴、固定土体、改良土壤抗蚀性能，大大减少降雨和融雪径流的产流和产沙量，从而有效控制非点源污染产生。地表植被的覆盖通常采用植被覆盖度来衡量，植被覆盖度是指植被（包括叶、茎、枝）在地面的垂直投影面积占统计区总面积的百分比（章文波等，2001）。地表植被覆盖度是非点源污染模型中的重要输入参数，植被覆盖度的遥感分析方法通常有植被指数法、亚像元分解法、混合光谱模型法和光谱梯度差法等（顾祝军，2005）。受数据的限制，在目前的非点源污染模拟中，将植被类型笼统地划分为森林、草地、水田、旱田等，而未充分考虑不同树种、不同种类的草、不同作物类型对非点源污染产生的影响。如小麦、玉米和蔬菜地均属旱田，但由于这些作物的耕作方式、生长周期的不同造成产流量和农田营养物质含量也有很大差异；不同树种和不同种类草也存在这种差异。遥感技术为进一步区分植被类型提供了技术支持。刘秀英等（2005）利用地物光谱仪测量了杉木、雪松、小叶樟树和桂花 4 个树种光谱数据，并利用光谱微分、波段选择等技术成功地识别出这几个树种。遥感技术在水稻、小麦、玉米、大豆等作物类型种植面积监测中也均有广泛的应用（杨沈斌等，2008；黄青等，2010；董彦芳，2005）。

4. 在土地利用监测中的应用

土地利用/土地覆盖（LUCC）可以影响化学物质输入输出、径流、土壤、植被类型、地形地貌、耕作方式等（Leonard et al.，1986），因此在非点源污染产生过程中起重要作用。由于遥感技术提供了丰富的数据源，能够及时、准确、有效地获取区域土地利用/覆盖变化的位置、数量和类型信息，因此成为获取 LUCC 变化信息的主要手段（陈百明等，2003；刘纪远，1997）。随着遥感平台的多样化和图像分辨率的提高，以及计算机技术的迅速发展，遥感技术在 LUCC 研究中也不断发展。使用的数据从最初的 MSS 图像逐渐发展到 TM、NOAA-NVHRR、SPOT、QuickBird、MODIS、CBERS-1 等类型的图像和数据。使用的分析方法也从定性分析、相对简单的模型分析，发展到多源信息融合技术、人工神经网络分类技术等。目前开展最广泛的是土地利用遥感动态监测，利用遥感的多传感器、多时相的特点，通过不同时段相同地区的遥感数据，进行土地利用变化信息的提取。

2.2.3 遥感技术在流域非点源污染监测方面存在的问题和展望

1. 存在的问题

利用 RS 技术建立非点源污染定量模型，一般说来，非点源污染类型越多、分类越细，解译的准确度也就越难以保证。非点源污染信息源的质量，如遥感数据的时相、分辨率、清晰程度以及软件的选择、各种参照信息源的详细程度等对非点源污染定量模型的准确性和精度都十分重要。目前人们所能利用的电磁波还十分有限，仅在其中的几个波段，尚有许多谱段的非点源污染信息有待进一步开发。已被利用的波段也还不能准确反映许多非点源污染类型和影响因子，还少不了地面调查和验证。遥感数据的空间分辨率和光谱分辨率是制约非点源污染数据的准确性和可用性的重要因素；操作者的技术、经验，如专业知识、解译水平、工作认真程度等也直接影响非点源污染定量模型的准确性和精度。

2. 展望

遥感技术为流域非点源污染监测解决了输入数据这个重要问题，尽管现有的研究还存在遥感数据质量精度不高、缺乏有效反演模型等问题，但遥感技术在非点源污染监测中具有广阔的前景。今后需要在以下几个方面开展研究：①加强高光谱数据的研究，构建并完善土壤、水文、气象、植被等非点源污染影响因素的光谱数据库；②集成基于遥感技术和非点源污染模拟的综合模型。这不但有利于实现非点源污染的动态监测，而且尤为重要的是结合降雨预报，可以实现非点源污染的预报；③其他，如植被覆盖条件下土壤性质的遥感反演等也是非点源污染遥感监测所要解决的问题。

2.3　智能体模型技术

2.3.1　智能体模型的定义

智能体模型（Agent-Based Model，ABM），也就是基于智能体（Agent）的模型。很多学者就以此来通过对智能体定义从而描述和定义智能体模型。使得智能体模型一直都没有一个明确的定义。随着学者们对智能体和智能体模型的深入研究，使智能体模型显得越来越重要。

2004 年，我国学者邓宏钟根据其对智能体建模仿真方法的研究指出，基于多智能体的整体建模仿真方法的核心是通过反映个体结构功能的局部细节模型与全局表现之间的循环反馈和校正，来研究局部细节变化如何突现出复杂的全局行为。这个说法描述了智能体建模仿真方法的功能，还不能看作是完备的定义。

2008 年，英国学者 Gilbert 经过数十年对智能体模型的研究后，在其著作 *Agent Based Model* 中给出了智能体模型的正式定义：智能体模型是一种计算机模型，智能体模型能让研究人员对多个异质的智能体所组成的模型进行创建、分析和实验研究，同时这些智能体能够在一定的环境中交互。

由以上的智能体模型的定义可以看到：智能体模型是计算机模型，这就说明智能体模型是运行在计算机上的一种程序。

智能体模型是由多个异质智能体组成的，这说明智能体模型中的智能体的数量不止一个，并且每个智能体具有其自身的特点，具有不同的属性，这也是智能体模型与数学模型的最大区别。数学模型通过建立微分方程或差分方程来描述某种现象，这就需要假设每类个体拥有相同的属性，通常会采用平均值的概念来描述。同时研究人员能够创建、分析和实验。

研究人员能够对智能体进行创建、分析和实验研究表明了智能体模型是可以实现的，而不只是一个概念。分析表明智能体模型是用来研究某种社会现象的，研究人员能够就其感兴趣的问题对智能体模型进行分析，实验通常是物理、生物、化学等学科采用的最常用的方法，在社会、经济等领域现场实验几乎是不可能的，一个失误可能带来巨大的损失。智能体模型可以看作是建立某种现象的虚拟环境，一旦智能体模型的结果通过验证，研究者就可以通过改变参数来实验不同决策带来的结果。

智能体能够在一定环境中进行交互的特点表明了智能体"智能"特性。一方面，智能体能够根据周围智能体的行为或属性采取相应的行动；另一方面，智能体能够根据所处的环境做出相应的反应。

2.3.2　智能体模型的结构

智能体模型一般有三个基本的组成成分：智能体、交互规则和环境。但是在实际研究过程中，智能体模型还需要用户接口、输入、输出、调度、控制器等部分来对智能体进行数据输入、输出和过程控制操作。

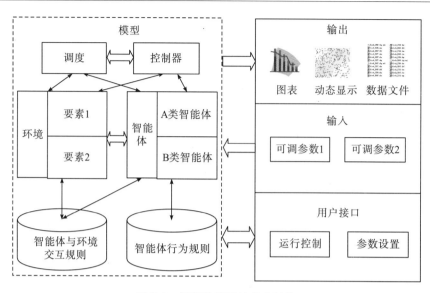

图 2.1　智能体模型的基本结构

1. 智能体

　　智能体是智能体模型中的主体，一个智能体模型由在一定环境中交互的多个智能体所组成。智能体具有异质性，每个智能体都有和其他智能体所不同的属性和功能，并且能够直接处理相互之间的交互行为。在当前已有的智能体模型各种应用中，智能体的定义也各不相同。虽然目前对智能体没有确实的定义，但很多学者的对智能体的定义中有着互通的部分。

　　智能体模型中智能体的定义是十分关键的。智能体具有异质性，每个智能体具有特定的属性和功能，能够直接处理其与其他智能体之间的交互行为。在各种智能体模型的应用中，智能体的表现和定义各不相同。尽管目前人们对智能体还没有确切的定义，但是学者们普遍认为智能体应具备一定的属性特征。最为经典的是 Wooldridge 等的有关智能体定义的讨论，他们认为一个智能体模型最基本的属性应当包括以下四种属性：

　　（1）自治性：智能体能够独立根据自身状态和感知的环境信息决定和控制自身的行为。

　　（2）反应性：智能体能够感知外部环境的变化，并及时对变化做出复杂和适当的自身行为调整。

　　（3）社会性：智能体能够和其他智能体或环境进行交互，能够获取其他智能体或环境的信息。

　　（4）主动性：智能体能够根据当前状态采取主动行为，表现出目标驱动的特性。也就是说，智能体有自身的行为目标而不是简单地对外部环境做出反应。

　　按照所描述的智能体的特点，可以归纳出智能体的行为模式，如图 2.2 所示。

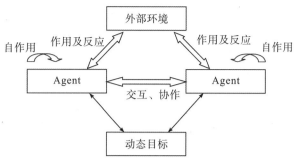

图 2.2 Agent 的行为

不足的是，以上四种属性只是对智能体的特性进行了描述，没有提及如何设计智能体模型。对此，Nigel Gilbert 在智能体设计方面提出了对智能体的一个可实现的描述，认为智能体应具有四方面的能力：感知能力、执行能力、存储能力和策略能力。

（1）感知能力——智能体能够感知其周围的环境，能够感知处于邻近位置的其他智能体。从智能体的编程实现来说，即是智能体能识别位于其邻域内的对象。

（2）执行能力——智能体能够执行一些行为。通常包括移动性、交互性、反应性。移动性是指智能体能够在一定的空间（环境）中移动；交互性是指智能体能够传递信息给其他智能体，同时也能接收来自其他智能体的信息；反应性是指智能体能够识别环境信息，并做出一定行为。

（3）存储能力——智能体具有一定的存储能力，可以存储智能体自身状态或对之前行为的感知信息。

（4）策略能力——智能体具有一系列规则或策略，可以根据前一时刻的状态决定当前应当执行的行为。

由于智能体是智能体模型的核心，所以选取合适的对象作为智能体十分重要。一般在对社会模拟，智能体的模拟对象都是人。由于智能体自身的属性和特点，在实际应用中不能选取静态的或者没有交互能力的对象作为智能体。同时对有不同行为模式的对象归类，设计不同的智能体，以免影响研究目标。

2. 环境

与一般的环境概念不同，智能体环境是指智能体模型中供智能体活动的虚拟空间。智能体模型中的环境按照环境空间的概念可以分为以下三类：

（1）空间明确的环境。是指地理空间能够与智能体模型中的环境一一对应。例如，在居民聚集模型中，居民所处的城市空间格局即对应着智能体的环境，而在国际关系模型中，环境则对应着不同国家和地区。这种模型环境与地理空间相互对应的智能体模型被称作空间明确智能体模型。

（2）空间不明确的环境。是指一个智能体活动的空间与地理空间位置无关，即空间不对应地理空间位置而是表示抽象的空间特征，例如用一个 $n \times n$ 的方格网来表示智能体所处的环境，智能体的活动被限制在方格网中。这些方格网与现实中的地理空间位置无关，即为空间不明确的环境。

（3）非空间环境。部分智能体模型的环境没有空间概念，智能体之间互相连接形成一个网络。这种智能体模型表现出了智能体之间的关系交流情况，一般利用其具有网络连接的智能体集合来表示。

前两种环境类型都可用坐标来标识位置：空间明确的环境可用地理坐标或者投影坐标来标识位置，空间不明确的环境可用行列值来标识。因此前两种环境可以合称为空间环境。图2.3中给出了三种环境类型的例子，图中的点代表智能体。图2.3(a)是英国伦敦大学高级空间分析中心建立的腮腺炎传播模型，图中的环境和地理空间相对应。图2.3(b)是Repast Simphony软件提供的实例—Scheling模型中的环境，环境用二维网格来表达，可以表示人群的聚集行为，但是不表示地理位置。图2.3(c)是一个用小世界网络建立的艾滋病传播模型。内部网络表示家庭，外部网络表示社会。

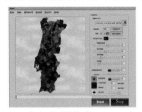  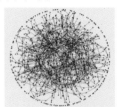

（a）空间明确　　　　　（b）空间不明确　　　　　（c）非空间环境

图2.3　三种环境类型

3. 交互规则

交互规则是智能体模型的另一重要组成部分。构成智能体模型的基础可以认为是智能体和环境，则交互规则是智能体模型实现动态模拟的关键。通常可以把交互规则分为三类：

（1）智能体自身属性的变化规则。指智能体属性随着时间的变化而自身发生变化的规则。例如在流感传播模型中，伴随时间的增加，已感染病毒的智能体的属性中，感染时间会增加。并且一旦感染事件达到所设定的潜伏期时间，则智能体的状态由潜伏期变为感染期。

（2）智能体间交互规则。智能体能够在特定环境中相互影响交流。若要实现以上功能，就需对智能体的交互规则进行定义。智能体根据周围智能体行为或状态属性所作出反应的规则为智能体间的交互规则，这些反应包括智能体自身属性的变化和智能体的行为变化。

（3）智能体与环境交互规则。由于智能体是在一定环境之中模拟各项活动，而环境自身也会受到智能体的行为而导致环境变化，同时智能体也会根据环境的不同而选择不一样的行为方式。例如，在模拟土地利用变化时，政府的决策会使得土地利用类型发生改变，从而影响不同需求的土地使用者对土地的选择。

2.4　SWAT 模型技术

SWAT 模型是由美国农业部农业研究中心在 SWRRB、EPIC 和 ROTO 等模型基础上开发的基于物理过程的流域尺度的分布式水文模型，能对一个复杂大型流域 100 年以内的径流量、泥沙流失量和营养物负荷进行模拟。模型以日为时间步长，主要用于模拟和预测各种土地利用和不同的管理措施对流域的水、泥沙和营养物质的长期影响，被广泛应用于非点源污染的预防和治理研究中。

2.4.1　SWAT 模型发展概述

20 世纪 70 年代到 90 年代是国外非点源污染模型发现的黄金期，众多优秀的模型相继诞生。其中，1980 年推出的 CREAMS 模型首次将水文子模型、土壤侵蚀子模型和污染物迁移转化子模型进行综合集成，可以模拟农田尺度流域的径流过程、土壤侵蚀过程以及来自农业管理活动的营养物质迁移过程。CREAMS 模型的出现奠定了非点源模型发展的里程碑，并催生了很多诸如 GLEAMS、EPIC 的后继模型的出现。GLEAMS 模型从CREAMS 直接发展而来，它在 CREAMS 的基础上增加了农药模拟功能，具有水文、土壤侵蚀以及化学物物质迁移 3 个子模块，其中化学物质迁移模块包含了农药模块和营养物模块；EPIC 模型在 CREAMS 模型的基础增加了作物生长模块，主要用于模拟管理措施对水质、土壤侵蚀和作物产量的影响。SWAT 模型的直接前身是 SWRRB 模型。SWRRB 模型是 CREAMS 模型后继发展模型之一，它于 20 世纪 80 年代后期吸纳了GLEAMS 模型的杀虫剂模块和 EPIC 模型的作物生长模块，从而可以对复杂管理措施下的小流域非点源污染进行模拟评价。20 世纪 90 年代初期，对大尺度流域进行非点源污染评价的需求日益增长，SWRRB 模型只能对小流域进行评价的缺陷逐渐突显，从而催生了 ROTO 模型的发展。ROTO 模型首先将大流域划分为若干小流域，并分别用SWRRB 模型对各个小流域进行模拟，再将各个小流域的模拟结果通过河道、水库的汇流计算，汇集到流域总出口。ROTO 模型解决了大流域非点源模拟的问题，但是操作过程中需要大量文件的输入、输出，并且需要消耗大量的存储空间。为了提高大尺度流域模拟的效率，Aronld 等将 SWRRB 和 ROTO 模型进行了彻底的整合，正式推出了SWAT 模型。SWAT 模型的发展历程如图 2.4 所示。

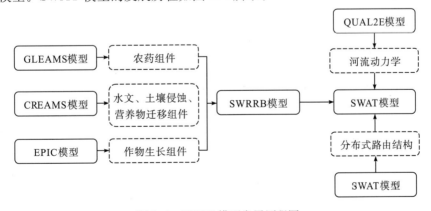

图 2.4　SWAT 模型发展历程图

2.4.2　SWAT 模型结构与基本原理

SWAT 模型综合考虑流域土壤、土地利用、地形地貌、气候、农业管理措施、水系水库分布等因子，来对流域的水文过程、土壤侵蚀过程以及营养物迁移转化过程进行模拟。SWAT 模型首先依据流域水系的分布情况，将整个流域划分成若干个自然子流域，再按照不同的土地利用、土壤以及地形分布组合，将每个子流域进一步划分成若干个HRU。

SWAT 以 HRU 为最小模拟单元，将各个子流域内的 HUR 模拟结果进行汇总，得到子流域的模拟结果。各个子流域的模拟结果通过河网支流汇入主河道，进行汇集、输运。模型在子流域或者 HRU 级别上设置模型参数，充分考虑了水文影响因子的空间差异性，可以更加客观地描述研究区域内的水文物理过程，从而精确地进行非点源污染的模拟。

SWAT 模型是由 701 个方程、1013 个中间变量组成的综合模型体系。从系统结构以及功能结构角度来说，SWAT 模型可以划分为三个子模块：水文模块、土壤侵蚀模块和营养物迁移转化模块。下面分别对这三个模块的机理进行介绍。

1. 水文模块

从机理来看，水文过程是农业非点源污染产生的起点：水文过程是土壤侵蚀过程产生的基础，而水文过程和土壤侵蚀过程又是农业非点源污染产生的直接动力。SWAT 模型是基于现实物理机制的非点源污染模型，其土壤侵蚀模块和营养物迁移转化模块的有效运作基于水文模块的精确模拟，水文模块的计算精度在很大程度上决定了整个模型的模拟精度。

SWAT 模型的水文循环过程可以分为两个阶段：陆地阶段和河道汇流阶段。陆地阶段主要进行产流和坡地汇流，该阶段主要影响从各个子流域中最终进入主河道的径流、泥沙、营养物和杀虫剂的量。河道汇流阶段主要模拟径流、泥沙、营养物等从源头开始，经过河网演算，并最终到达流域总出口的输移过程。SWAT 中水文循环过程如图 2.5 所示。SWAT 模型水文模拟遵循水平衡方程 (2.1)。其中，SW_t 为模拟结束时的土壤含水量；SW_0 为模拟开始时的土壤含水量；t 表示模拟时间，即共模拟 t 天；R_{day} 是第 i 天的总降雨量；Q_{surf} 为第 i 天产生的地表径流量；E_a 是第 i 天的蒸腾损失量；W_{seep} 是第 i 天穿过土壤剖面的下渗量；Q_{gw} 是第 i 天直接回流到地下水的量。

$$SW_t = SW_0 + \sum_{i=1}^{t} (R_{day} - Q_{surf} - E_a - W_{seep} - Q_{gw}) \tag{2.1}$$

HRU 和子流域的划分使得 SWAT 可以充分考虑土地利用/覆被以及土壤的水文特性的空间差异。SWAT 以 HRU 为单位来进行径流计算，并通过汇流最终得到整个流域的径流。SWAT 在 HRU 内进行径流计算的过程如图 2.6 所示。

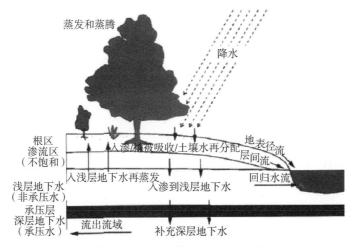

图 2.5　SWAT模型水文循环过程

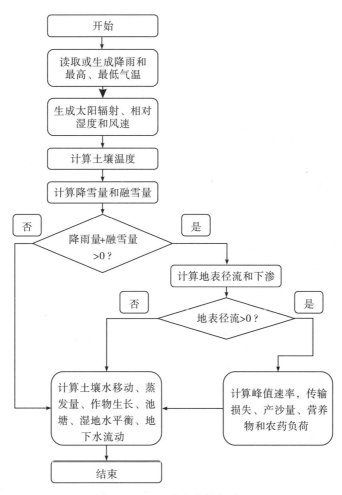

图 2.6　HRU内水文模拟过程

SWAT模型水文过程模拟分为冠层截留、下渗、再分配、蒸散发、壤中流、地表径流、池塘、支流河道和回归流、主河道或支流演算、水库演算等过程。SWAT中的水运动过程如图 2.7 所示。

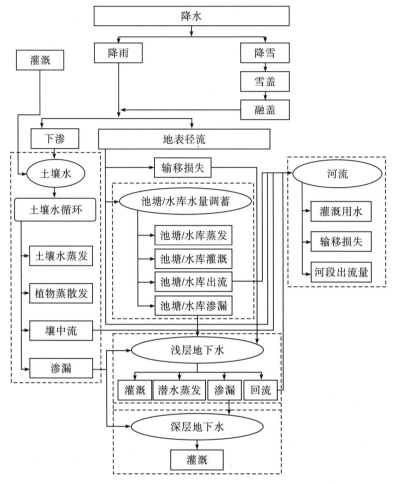

图 2.7 SWAT 中水运动路径示意图

1) 冠层截留

植被冠层截留对蒸散发、地表径流和下渗有很大的影响，其通过两种方式产生作用：植被冠层通过缓冲雨滴的冲刷力从而消弱对地表侵蚀、截留部分雨水储存在冠层中。冠层截留作用与植被的密度和植被类型有关。SWAT 模型计算地表径流的方式有两种，当采用 SCS 曲线法时，冠层截留被综合到初损中。初损同时也包含了地表蓄水和产流前的下渗，约占持蓄参数的 20%。采用 Green-Ampt 方法时，冠层截留要单独进行计算，计算方法如公式（2.2）所示。

$$can_{day} = can_{max} \cdot \frac{LAI}{LAI_{max}} \tag{2.2}$$

其中，can_{day} 是模拟日冠层最大储水量，can_{max} 为植被冠层最茂盛时的冠层最大储水量，LAI 为模拟日植被叶面积指数，LAI_{max} 为植被最大叶面积指数。

在出现降雨时，降雨首先用于满足冠层截留，植被冠层储水量达到最大储水量后，降雨才会降到土壤表面。降雨量与冠层截留的关系如公式（2.3）、（2.4）所示。

当

$$R_{INT(f)} = R_{INT(i)} + R'_{day}, \ R_{day} = 0$$

$$R'_{day} \leqslant can_{day} - R_{INT(i)} \tag{2.3}$$

当

$$R_{INT(f)} = can_{day}, \ R_{day} = R'_{day} - (can_{day} - R_{INT(i)})$$

$$R'_{day} > can_{day} - R_{INT(i)} \tag{2.4}$$

其中，$R_{INT(i)}$ 为模拟日植被冠层初始储水量；$R_{INT(f)}$ 为模拟日植被冠层最终储水量；R'_{day} 和 R_{day} 均是模拟日的降雨量，不同的是，R'_{day} 是该日的总降雨量，而 R_{day} 是最终落到土壤表面的降雨量。

2）蒸散发

蒸散发是一个综合性术语，它包含了地球表面水分转化为水汽的所有过程，主要有植被冠层的蒸发、散发、升华和土壤蒸发。蒸散法是水分离开流域的主要机制，陆地上大约 62% 的降雨最终被蒸散发。在大部分的河流流域以及除南极洲以外的所有陆地地区，蒸散发都超过了径流量。降雨量和蒸散发量的差值是可供人类利用和管理的水量。蒸散发的精确估算对于水资源评价是至关重要的，同时对气候和土地利用变化的研究也会产生很大的影响。

蒸散发分为潜在蒸散发和实际蒸散发两个概念。

（1）潜在蒸散发。潜在蒸散发（potential evapotranspiration，PET）概念由 Thornthwaite 于 1948 年首先提出：PET 是指水分供应充足，均一地分布着植被，无对流和热存储效应的大面积区域的蒸散速率。鉴于 PET 容易受到众多植被表面因素的影响，Penman 于 1956 年修改了 PET 的定义：PET 是完全覆盖地面，具有相同高度，且供水充足的矮绿作物的散发水量。Penman 将草指定为参考作物。1990 年，Jensen 建议将高度在 30cm 到 50cm 的苜蓿作为参考作物。

潜在蒸散量估算方法较多，SWAT 主要采用 Penman-Monteith 法、Priestley-Taylor 法和 Hargreaves 法来进行估算。三种方法要求输入的参数各不相同：Penman-Monteith 法要求输入太阳辐射、空气温度、相对湿度和风速；Priestley-Taylor 法要求输入太阳辐射、空气温度和相对湿度；而 Hargreaves 法只要求空气温度一个参数。

①Penman-Monteith 法。

Penman-Monteith 法计算公式如（2.5）所示。

$$\lambda E = \frac{\Delta \cdot (H_{net} - G) + \rho_{air} \cdot c_p \cdot (e_z^0 - e_z) / r_a}{\Delta + \gamma \cdot \left(1 + \dfrac{r_c}{r_a}\right)} \tag{2.5}$$

其中，λE 为潜热通量密度（MJ/（m²·d））；E 是蒸发速率（mm/d）；Δ 是饱和水汽压-温度曲线斜率，de/dT（kPa/℃）；H_{net} 是净辐射能量；G 为地面热通量密度（MJ/（m²·d））；ρ_{air} 为空气密度（kg/m³）；c_p 为恒压比热容（MJ/（kg·℃））；e_z^0 是高度 z 处的空气饱和水汽压（kPa）；e_z 为高度 z 处的空气水汽压（kPa）；γ 为干湿表常数（kPa/℃）；r_c 为植被冠层阻抗（S/m）；r_a 为空气层的弥散阻抗（气动阻抗）（S/m）。

对于处在中性大气稳定度和假定对数风廓线环境中的水分充足的植被来说，Penman-Monteith 方程可以改为公式（2.6）。

$$\lambda E_t = \frac{\Delta \cdot (H_{net} - G) + \gamma \cdot K_1 \cdot (0.622 \cdot \lambda \cdot p_{air}/P) \cdot (e_z^0 - e_z)/r_a}{\Delta + \gamma \cdot \left(1 + \dfrac{r_c}{r_a}\right)} \qquad (2.6)$$

其中，λ 为蒸发潜热（MJ/kg）；E_t 为最大蒸腾速率（mm/d）；K_1 是一个量纲系数，确保分子具有相同的单位（如果 uz 单位是 m/s，$K_1 = 8.64 \times 10^4$）；P 为大气压（kPa）。

②Priestley-Taylor 法。

Priestley 与 Taylor 于 1972 年提出了用于计算湿润地区潜在蒸散量的简化公式，如式（2.7）所示。当周围环境湿润时，删除空气动力项，且能量项乘以系数 α_{pet}（$\alpha_{pet} = 1.28$）。

$$\lambda E_0 = \alpha_{pet} \cdot \frac{\Delta}{\Delta + \gamma} \cdot (H_{net} - G) \qquad (2.7)$$

其中，λ 为蒸发潜热（MJ/kg）；E_0 是蒸发速率（mm/d）；α_{pet} 是系数；Δ 是饱和水汽压－温度曲线斜率，de/dT（kPa/℃）；γ 为干湿表常数（kPa/℃）；H_{net} 是净辐射能量；G 为地面热通量密度（MJ/（m² · d））。

Priestley-Taylor 方程提供了在弱对流条件下估算潜在蒸散量的方法。在干旱和半干旱地区，能量对流过程强烈，该方法将会低估潜在蒸散量。

③Hargreaves 法。

Hargreaves 法是根据加利福尼亚州 Davis 地区的喜冷阿尔塔羊茅草蒸渗计数据推导得出的。

$$\lambda E_0 = 0.0023 H_0 \cdot (T_{mx} - T_{mn})^{0.5} \cdot (T_{av} + 17.8) \qquad (2.8)$$

其中，λ 为蒸发潜热（MJ/kg）；E_0 是蒸发速率（mm/d）；H_0 为地外辐射（MJ/（m² · d））；T_{mx} 为模拟日最高气温（℃）；T_{mn} 为模拟日的最低气温（℃）；T_{av} 为模拟日平均气温（℃）。

（2）实际蒸散发。潜在蒸散量计算完成后，就可以在此基础上进行实际蒸散量的计算了。在 SWAT 中，存储在植被冠层的水首先被蒸发掉，然后计算最大散发量和最大升华量/土壤蒸发，最后计算实际的来自土壤的蒸发量和升华量。当水文响应单元（hydrologic response unit，HRU）中存在雪盖时，将产生升华，无雪盖时才会产生来自土壤的蒸发。

①冠层截留降水的蒸发。

植被冠层中的所有储水都是可以蒸发的。在林地中，冠层截留储水对实际蒸散发的贡献是很重要的，有时冠层储水蒸发甚至大于散发。

SWAT 计算实际蒸散发时，尽可能多地蒸发冠层储水。如果潜在蒸发量（E_0）小于植被冠层储水（R_{INT}）；则：

$$E_a = E_{can} = E_0 \qquad (2.9)$$

$$R_{INT(f)} = R_{INT(i)} - R_{can} \qquad (2.10)$$

其中，E_a 是流域模拟日实际蒸散量（mm H₂O）；E_{can} 是模拟日冠层储水蒸发量（mm H₂O）；E_0 是模拟日潜在蒸散量（mm H₂O）；$R_{INT(i)}$ 是模拟日冠层初始储水量（mm H₂O）；$R_{INT(f)}$ 是模拟日冠层最终储水量（mm H₂O）。如果潜在蒸散量大于植被冠层储水量，则：

$$E_{can} = R_{INT(i)} \tag{2.11}$$

$$R_{INT(f)} = 0 \tag{2.12}$$

当植被冠层储水蒸发完后，剩下的蒸散发缺口（$E'_0 = E_0 - E_{can}$）由植被和雪/土壤补充。

②散发。

如果选择 Penman-Monteith 法计算潜在蒸散发，那么散发的计算也使用 Penman-Monteith 方程，否则使用下列公式计算散发。

$$E_t = \frac{E'_0 \cdot LAI}{3.0}, \quad 0 \leqslant LAI \leqslant 3.0 \tag{2.13}$$

$$E_t = E'_0, \quad LAI \geqslant 3.0 \tag{2.14}$$

其中，E_t 是模拟日最大散发量（mm H_2O）；E'_0 是经过冠层自由水蒸发调整后的潜在蒸散发（mm H_2O）；LAI 为叶面积指数。公式（2.13）和（2.14）计算出来的 E_t 是理想生长条件下模拟日的植被散发量。因为土壤中可用水含量的不足，实际散发量可能会小于计算出的值。

③升华和土壤蒸发。

升华和土壤蒸发量的多少受林荫覆盖度的影响。模拟日最大升华和土壤蒸发量由公式（2.15）计算。

$$E_s = E'_0 \cdot cov_{sol} \tag{2.15}$$

其中，E_s 是模拟日最大升华和土壤蒸发量（mm H_2O）；E'_0 是经过冠层自由水蒸发调整后的潜在蒸散发（mm H_2O）；cov_{sol} 是土壤覆盖指数。土壤覆盖指数由公式（2.16）计算。

$$cov_{sol} = \exp(-5.0 \times 10^{-5} CV) \tag{2.16}$$

其中，CV 是地上生物量及其残留物（kg/hm²）；如果积雪水当量超过 0.5mm H_2O，土壤覆盖指数设置为 0.5。

最大升华和土壤蒸发量在植物利用水量较高的时期会下降，下降规律遵循公式（2.17）。

$$E'_s = \min\left[E_s, \frac{E_s \cdot E'_0}{E_s + E_t}\right] \tag{2.17}$$

E'_s 是经过植物利用水调整后的模拟日最大升华和土壤蒸发量（mm H_2O）；E_s 是模拟日最大升华和土壤蒸发量（mm H_2O）；E'_0 是经过冠层自由水蒸发调整后的潜在蒸散发（mm H_2O）；E_t 是模拟日散发量（mm H_2O）。当 E_t 很小时，E'_s 趋近于 E_s；当 E_t 接近 E'_0 时，E'_s 趋近于 $\frac{E_s}{1 + cov_{sol}}$。

3）下渗

下渗导致水分从地表进入土壤剖面。随着下渗的继续，土壤湿度越来越大，下渗的速率逐渐降低直到达到一个稳定值。初始下渗速率取决于土壤表层含水量，最终下渗速率等于土壤饱和导水率。因为曲线数值法记性地表径流模拟时以日为时间步长，所以不能直接用于模拟下渗。渗入土壤刨面的水量等于降雨量和地表径流量之差。Green-Ampt

法可以直接模拟下渗量，但是要求较短时间步长的降雨数据。

4）再分配

再分配是指在地表水分输入（降雨、灌溉）停止后，水分在土壤刨面中的持续运动。水分的再分配是由土壤刨面中的水含量差异引起的；一旦土壤刨面中的水分含量均一，水分再运动就会停止。SWAT 的再分配模块采用存储演算技术预测根系区每一土层的水流。当某一土层的含水量超过田间持水量，并且其下面的土层含水量未达到饱和时，向下水流或者渗漏就会发生。水流速率受土壤饱和传导率控制。再分配受土壤温度的影响，如果某一特定土层的温度小于等于 0℃，该土层不会发生再分配。

5）壤中流

所谓壤中流，就是地表和饱和带之间区域的径流水分供给。土壤刨面中（0～2m）的壤中流是和再分配同时计算的。一个动态存储模型用于预测每一土层中的壤中流，该模型综合考虑了传导率、坡度和土壤含水量因素。

6）地表径流

地表径流，即坡面漫流，就是产生在坡面上的水流。SWAT 以 HRU 为最小计算单元，来对地表径流量和峰值进行模拟，模拟式学院输入日步长或者次日步长降雨数据。

地表径流采用修正的 SCS 曲线数值法或 Green-Ampt 法进行计算。在 SCS 曲线数值法计算时，径流量随着土壤含水量呈非线性变化。曲线数在土壤含水量达到凋零点时下降，在接近饱和时增加。Green-Ampt 法需要输入次日步长降雨数据，并且可以基于湿润锋基质势和饱和水利传导率计算下渗。没有下渗的水就形成地表径流。当土壤第一层的温度低于 0℃，该土壤视为冻土。SWAT 中有一个计算冻土地表径流的模块。SWAT 会增加冻土地表径流的产生量，但是当冻土较干时，仍然允许较为显著的下渗。

径流量峰值预测采用一个修正的较为合理的方程。简而言之，该方程基于如下思想：如果强度为 i 的降雨即时开始并无限期持续，径流速率开始增加，直到所有子流域内产生的径流汇集到流域出口（此时的汇流时间为 t_c）。在修正合理方程中，径流量峰值是子流域汇流时间 t_c 内的降雨量百分比、日地表径流量和子流域汇水时间的函数。子流域汇流时间 t_c 内的降雨量百分比，根据日降雨量采用随机技术估算。子流域汇流时间根据曼宁公式计算，考虑坡面漫流和河道汇流。

7）池塘

池塘是子流域中的储水结构，它截留地表径流。池塘的汇水面积是整个子流域面积的一部分。池塘被假定位于子流域内主河道之外的地区，并且不会接受上游子流域的汇水。池塘水存储量是池塘容量、日流入量、日流出量、渗漏量和蒸发量的函数。需要输入的参数是存储容量和池塘饱和容量时的表面积。低于饱和容量的表面积用存储量的非线性函数计算。

8）支流河道

在子流域内存在两种河道：主河道和支流河道。支流河道是子流域内主河道之外的较为低阶的河道分支。子流域内的每一条支流河道只为子流域内一部分区域排水，并且不接受地下水补给。分支河道的所有水流都会被排除，并沿着子流域内的主河道汇流演算。SWAT 根据这些分支河道的性质计算子流域的汇流时间。

9) 回归流

回归流, 或者基流, 是以地下水为补给来源的水流。SWAT 将地下水分为两个蓄水层系统: 浅层非承压水层, 它在流域内部给河流补充回归流; 深层承压含水层, 它在流域外部给河流补充回归流。透过根系区渗漏出去的水分为两个部分, 每一个部分分别成为不同含水层的补充水源。除了回归流之外, 浅层含水层中的水分在特别干旱的条件下可以补充土壤刨面中的含水量, 或者被植物直接吸收。无论浅层含水层, 还是深层含水层, 其中的水分都可以通过水泵抽取。河道汇流通过 Williams 提出的变态存储系数法或 Muskingum 法进行演算。

10) 主河道或支流演算

随着水流向下游流动, 一部分会由于蒸发或者沿河床输送而损失掉。另一个潜在的损失来源于农业或者其他人类活动用水。河道水可以通过直接降落到河道的雨水或者点源排放补充。

11) 水库演算

水库的水平衡包含了入流、出流、水库表面的降水、蒸发、库底的渗漏和调水。模型提供了三种可选方法来估算水库出流。第一种方法, 模型运行用户直接输入实测出流数据。第二种方法, 要求用户指定排泄速率, 当水库水量超过理论容量, 多余的水将以指定的速率排放; 超过防洪库容的水量将在一天之内排放完毕。该方法用于不受控制的小型水库。第三种方法专门为有较好管理的大型的水库设计, 要求用户指定水库的月水量管理目标。

2. 土壤侵蚀模块

侵蚀和泥沙产量以 HRU 为单位利用修正的通用土壤流失方程 (modified universal soil loss equation, MUSLE) 预测。通用土壤流失方程 (universal soil loss equation, USLE) 用降雨作为土壤侵蚀能量的因子, 而修正的通用土壤流失方程以径流量模拟侵蚀和泥沙产量。这样的改进有一系列好处: 模型模拟的精度得以提升、不再需要输移系数、可以对单次暴雨的泥沙产量进行模拟。水文模型可以对径流量及峰值径流速率进行模拟, 该功能结合子流域面积, 可以计算径流侵蚀能量参数。作物管理因子在径流产生的每一天都要重新计算, 它是地上生物量、土壤表面的残留物和最小植被作物因子的函数。侵蚀方程的其他因子请参阅文献 (Wischmeier, Smith, 1978)。

$$m_{sed} = 11.8 (Q_{swf} \cdot q_{peak} \cdot A_{HRU})^{0.56} \cdot K_{USLE} \cdot C_{USLE} \cdot P_{USLE} \cdot LS_{USLE} \cdot CFRG \quad (2.18)$$

方程 (2.18) 就是是修正的通用土壤流失方程, 其中, m_{sed} 为模拟日泥沙产量 (t); Q_{surf} 为地表径流量 (mm/hm^2); q_{peak} 是径流洪峰流量 (m^3/s); A_{HRU} 是 HRU 面积 (hm^2); K_{USLE} 为 USLE 土壤可侵蚀性因子; C_{USLE} 为 USLE 植被覆盖和作物管理因子; P_{USLE} 为 USLE 水土保持因子; LS_{USLE} 是地形因子; $CFRG$ 是粗碎块因子。

1) 土壤可侵蚀性因子

即使在所有条件都相同的情况下, 某些类型的土壤仍然会比其他的更易受到侵蚀。这种区别就是土壤可侵蚀性, 它是由土壤本身的属性决定的。Wischmeier 和 Smith 将土壤可侵蚀性因子定义为: 对于特定的某种土壤, 每侵蚀指数单位的土壤流失速率, 该参数可在单位地块测量。单位地块长 22.1m，纵向坡度 9%，连续休耕，且翻耕方向与坡向相同。所谓连续休耕，就是经过翻耕，但是两年以上未种植作物。MUSLE 中 USLE 土壤可侵蚀性因子的单位在数值上等于传统上的英制单位 0.01（ton. acre. hr/hundreds of acre. ton. in）。

Wischmeier 和 Smith 指出，不管黏土和沙土的比例是否增加，土壤的可侵蚀性因子会随着壤土比例的降低而降低。

直接对土壤可侵蚀性因子进行测量较为费时费力，Wischmeier 等提出了通用的公式来对其计算。（2.19）即为通用的土壤可侵蚀性因子计算公式，该公式用于壤土和沙土含量低于 70% 的时候。

$$K_{USLE} = \frac{0.00021M^{1.14} \cdot (12-OM) + 3.25(C_{soilstr}-2) + 2.5(C_{perm}-3)}{100} \quad (2.19)$$

其中，K_{USLE} 是土壤可侵蚀性因子，M 是颗粒尺度参数，OM 是有机物含量（%），$C_{soilstr}$ 是土壤分类中的土壤结构代码，C_{perm} 为土壤刨面可渗透性类别。

颗粒尺度参数 M 的计算公式为（2.20）所示。

$$M = (m_{silt} + m_{vfs}) \cdot (100 - m_c) \quad (2.20)$$

其中，m_{silt} 是壤土含量的百分比（0.002～0.05mm 的土壤颗粒）；m_{vfs} 是沙土含量百分比（0.05～0.10mm 的土壤颗粒）；m_c 是黏土含量百分比（<0.002mm 的土壤颗粒）。

有机物含量百分比 OM 的计算公式如（2.21）所示。

$$OM = 1.72 orgC \quad (2.21)$$

其中，$ocgC$ 是该土层的有机碳含量百分比。

土壤结构指的是土壤主要颗粒聚合组成的复合颗粒，它们和毗连的聚合体被弱表面分离。一个独立的自然状态下的聚合体成为土壤自然结构体。土壤结构的字段描述指出了土壤自然结构体的形状和排列、土壤自然结构体的大小，以及显著土壤自然结构体的区别和耐久性。美国农业部土壤结构调查术语有不同体系的术语来分别定义这三个属性。土壤自然结构体的形状和排列指定为土壤结构的 Type 属性，结构体的大小为 Class 属性，区别度为 Grade 属性。

公式（2.19）中的土壤结构代码由土壤结构的 Type 属性和 Class 属性来定义。主要有四种土壤结构的 Type 属性：

（1）扁平状，颗粒呈平面状分布，通常是水平的。

（2）棱柱状，颗粒沿一个垂线分布，并且局限于一个相对平坦的垂直平面分布。

（3）块状或者多面体，颗粒围绕一个点分布，并且局限于平坦的或者圆形的表面分布，这些表面是周围土壤自然结构体表面形成的模子。

（4）类球体或者多面体，颗粒围绕一个点分布，并且局限于弯曲的或者不规则表面分布，这些表面与周围的聚合体不适应。

Class 属性的大小标准随 Type 属性的不同而变化，详细信息见表 2.2，Csoilstr 代码有：①极细颗粒；②细颗粒；③中等或粗颗粒；④块状、扁平状、棱柱装或大块的。

表 2.2　土壤结构的 Class 属性大小对照表

Class 的大小	Type 属性			
	扁平状	棱柱状	块状	颗粒状
极细颗粒	<1mm	<10mm	<5mm	<1mm
细颗粒	1~2mm	10~20mm	5~10mm	1~2mm
中等颗粒	2~5mm	20~50mm	10~20mm	2~5mm
粗颗粒	5~10mm	50~100mm	20~50mm	5~10mm
大粗颗粒	>10mm	>100mm	>50mm	>10mm

渗透性定义为湿润的土壤传输水分和空气透过最受限制性土层的能力。土壤刨面可渗透性类别基于刨面的最低饱和水力传导率。刨面可渗透性类别代码主要有：①快（>150mm/h）；②中等到快（50~150mm/h）；③中等（15~50mm/h）；④慢到中等（5~15mm/h）；⑤慢（1~5mm/h）；⑥非常慢（<1mm/h）。

1995 年，Williams 提出另外一个计算土壤可侵蚀性因子的方程。

$$K_{USLE} = f_{csand} \cdot f_{cl\text{-}si} \cdot f_{orgC} \cdot f_{hisand} \tag{2.22}$$

其中，f_{csand} 是粗糙沙土可侵蚀性因子，$f_{cl\text{-}si}$ 是黏-壤土可侵蚀性因子，f_{orgC} 是有机碳可侵蚀性因子，f_{hisand} 是高砂质土壤可侵蚀性因子。上述因子的计算公式如下。

$$f_{csand} = 0.2 + 0.3\exp\left[-0.256 m_s \cdot \left(1 - \frac{m_{silt}}{100}\right)\right] \tag{2.23}$$

$$f_{cl\text{-}si} = \left(\frac{m_{silt}}{m_c + m_{silt}}\right)^{0.3} \tag{2.24}$$

$$f_{orgC} = 1 - \frac{0.25 orgC}{orgC + \exp\left[3.72 - 2.95 orgC\right]} \tag{2.25}$$

$$f_{hisand} = 1 - \frac{0.7\left(1 - \dfrac{m_s}{100}\right)}{\left(1 - \dfrac{m_s}{100}\right) + \exp\left[-5.51 + 22.9\left(1 - \dfrac{m_s}{100}\right)\right]} \tag{2.26}$$

其中，m_s 是沙含量百分比（直径为 0.05~2.00mm 的颗粒），m_{silt} 是壤土含量百分比（直径为 0.002~0.05mm 的颗粒），m_c 是壤土含量百分比（直径小于 0.002mm 的颗粒），$orgC$ 是有机碳含量百分比（%）。

2）植被覆盖和作物管理因子

USLE 植被覆盖和作物管理因子（C_{USLE}）是指定种植条件下的土地与连续休耕地土壤流失量的比值。植被冠层通过消减雨滴的降雨动能来影响土壤侵蚀。从植被冠层掉落的雨滴可能会在下落的过程中重新获得相当大的落地速度，但是这个速度仍然小于未被冠层拦截的雨滴的最终速度。从冠层降落雨滴的平均高度和冠层的密度决定了对雨滴作用在土壤表面动能的消减程度。土壤表面一定百分比的残留物覆盖对土壤侵蚀消减作用比相同比例的冠层覆盖更明显。由于残留物在地表附近阻截雨滴，雨滴从残留物重新落到地面时，不可能获得较高的降落速度。另外，残留物还能阻碍地表径流，使其流速降低，且消减其运输泥沙的能力。

由于植被覆盖受植物生长周期的影响，SWAT 模型通过方程（2.27）调整植被覆盖和作物管理因子 C_{USLE}。

$$C_{USLE} = \exp\left\{\left[\ln 0.8 - \ln\left(C_{USLE,mn}\right)\right] \cdot \exp\left(-0.00115 rsd_{surf}\right) + \ln\left(C_{USLE,mn}\right)\right\} \tag{2.27}$$

其中，$C_{USLE,mn}$ 是该土地覆盖下植被覆盖和作物管理因子最小值，土壤表面残余物量（kg/hm²）。

最小植被覆盖和作物管理因子可以由公式（2.28）估算。

$$C_{USLE,mn} = 1.463\ln(C_{USLE,aa}) + 0.1034 \qquad (2.28)$$

其中，$C_{USLE,mn}$ 是该土地覆盖下植被覆盖和作物管理因子最小值，$C_{USLE,aa}$ 是该土地覆盖下年均植被覆盖和作物管理因子。

3）水土保持因子

水土保持因子是指特定水土保持措施下的水土流失量与顺坡耕作地的土壤流失量的比值。水土保持措施包括等高耕作、等高带状耕作、梯田系统等。无论何种水土保持措施，合理的排水系统是必不可少的。

4）地形因子

地形因子指在田间坡度单位面积上的土壤流失量与长 22.1m 坡度为 9% 的具有相同其他条件土地的土壤流失量的比值，其计算公式如（2.29）所示。

$$LS_{USLE} = \left(\frac{L_{hill}}{22.1}\right)^m \cdot (65.41\sin^2\propto_{hill} + 4.65\sin\propto_{hill} + 0.065) \qquad (2.29)$$

其中，L_{hill} 为坡长，$\propto_{hill}$ 指坡角，m 是指数。m 的计算公式为：

$$m = 0.6[1 - \exp(-35.835slp)] \qquad (2.30)$$

其中，slp 为 HRU 的坡度，用单位水平长度上的垂直增量表示，m/n。$\propto_{hill}$ 与 slp 之间的关系为：

$$slp = \tan\propto_{hill} \qquad (2.31)$$

5）碎石块因子

碎石块因子计算公式如（2.32）所示。

$$CFRG = \exp(-0.053rock) \qquad (2.32)$$

式中，$rock$ 为第一土层中石砾的含量（%）。

与产沙量相关的 SWAT 输入变量见表 2.3。

表 2.3　与产沙量相关的 SWAT 输入变量

变量名	定义	输入文件
USLE_K	K_{USLE}：USLE 土壤可侵蚀性因子	.sol
USLE_C	$C_{USLE,mn}$：植被覆盖和作物管理因子最小值	crop.dat
USLE_P	P_{USLE}：USLE 水上保持因子	.mgt
SLSUBBSN	L_{hill}：坡长（m）	.hru
HRU_SLP	slp：子流域平均坡度（% 或 m/n）	.hru
ROCK	$rock$：第一土层中石砾的含量（%）	.sol

3. 营养物迁移转化模块

降雨或灌溉在下垫面产生径流，并对土壤产生侵蚀作用。在径流驱动因子的作用下，大量泥沙和氮、磷污染物进入水体，从而产生非点源污染。氮、磷污染物进入水体的方式有两种：可溶态氮、磷直接溶于水中，并随径流进入水体；不可溶态氮、磷吸附于土壤颗粒上，并在土壤侵蚀过程中进入水体。过多氮、磷的进入导致水体富营养化加快。可见，氮、磷的循环过程的发生离不开水文过程和土壤侵蚀过程。

1）氮循环

在矿质土壤中主要有三种形式的氮：腐殖质中的有机氮、土壤胶体中的无机氮和溶液中的无机氮。氮通过化肥、粪肥或残留物的施用，共生细菌或异生细菌的固氮作用和降雨等过程进入土壤。氮素通过植物吸收、淋溶、挥发、反硝化以及侵蚀等作用从土壤中散失。

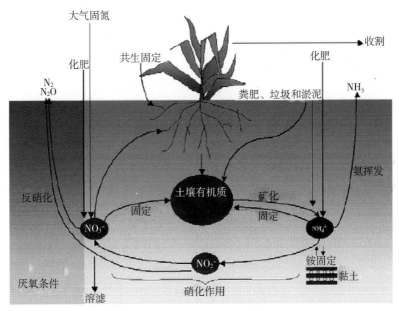

图 2.8　氮循环过程

氮素是一种极其活跃的元素，它以多种价态存在，因而其极易迁移。预测氮在土壤中不同状态之间的迁移，对于管理环境中的氮素至关重要。

SWAT 可以监测土壤中五种形态的氮，两种为无机氮：NH_4^+ 和 NO_3^-，而其他三种为有机氮。新生有机氮存在于作物残留物以及微生物的生物质中，而活性和稳定有机氮存在于土壤腐殖质中。SWAT 模拟的土壤氮循环过程如图 2.9 所示。

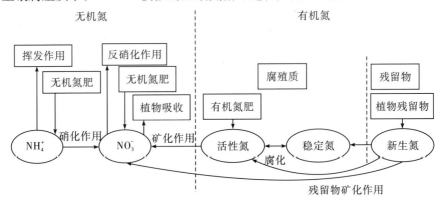

图 2.9　SWAT 模拟的氮循环过程

2）磷循环

土壤中的磷循环过程主要包括：施肥、无机吸附、土壤侵蚀流失等物理过程；有机磷矿化、磷酸氢根固定等化学过程；农作物的吸收、收割等生物过程。土壤中的氮素循环过程如图 2.10 所示。

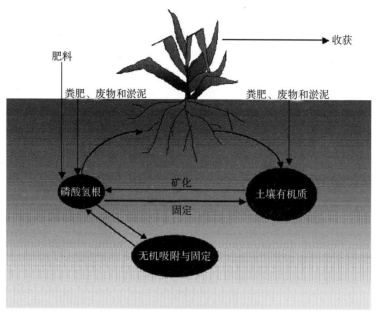

图 2.10　磷元素循环过程

SWAT 模型主要对 6 种存在形式的氮进行模拟，其中有 3 种有机磷（可溶有机磷、活性有机磷和稳态有机磷），3 种无机磷（可溶无机磷、活性无机磷和稳态无机磷）。可溶有机磷主要依据植物残留量和微生物量进行模拟，活性有机磷以及稳态有机磷则依据土壤腐殖质来计算。无机磷的模拟主要与植物吸收及无机磷肥的施用有关。SWAT 模拟的磷循环过程如图 2.11 所示。

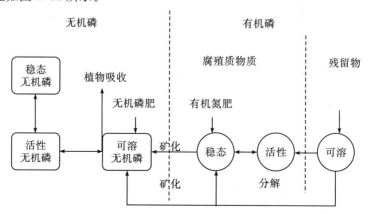

图 2.11　SWAT 模型模拟的磷循环结构

2.5　SWMM 模型技术

　　SWMM 模型是美国国家环境保护局（U.S. Environmental Protection Agency，EPA）研发的动态降雨——径流模拟计算机程序，主要功能是对城市径流水量和水质进行单一事件或者长期连续模拟。SWMM 的降雨径流组件可以对汇水区面积上接收降水并产生径流和污染负荷的过程进行模拟。SWMM 的演算模块，计算通过排水管网、蓄水设施、污水处理设施等所构成的系统径流和污染物增减机理。SWMM 具体的模拟原理是持续跟踪设定的时间步长内每一时段每一汇水要素的水量和水质。

　　SWMM 模型于 1971 年最先问世，此后开发组对其进行了几次重要升级。自其问世以来就一直在排水管网规划设计和管理、城市降水径流、城市雨洪管理等领域得到了广泛应用。当前最新版本是 SWMM Version 5.0。该版本添加了友好的可视化交互界面和方便的处理功能，能实现径流要素的颜色渲染、地图的导入导出、时间序列图的绘制、结果表格的生成、径流管道断面图绘制和相关数据的统计。最新的 SWMM Version 5.0 是由美国环境保护局国家风险管理研究实验室供水和水资源分部，在 CDM 咨询公司协助下开发的。SWMM 模型运行界面如图 2.12 所示。

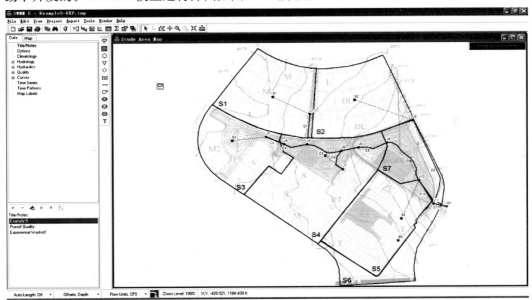

图 2.12　SWMM 模型运行界面图

　　SWMM 模型是由用于核心演算的水文水质模块和用于运行、显示和输出的服务模块组成。其中水文水质核心模块包括径流、输送、扩展输送、调蓄、处理以及受纳水体模块。服务模块包括降雨、统计、绘图、联合、运行和执行模块。

　　通过这些模块，SWMM 可以实现模拟数据输入、城市水文水质模拟、模拟结果输出等功能，模拟结果可以以时间序列图、统计表格、排水要素剖面图和动态演示等形式输出。SWMM 模型核心模块相互关系如图 2.13 所示。

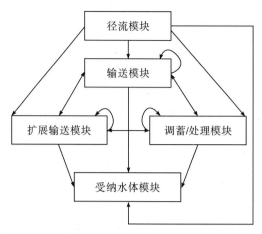

图 2.13　SWMM 核心模块关系图

2.5.1　SWMM 模型的功能

SWMM 可以实现水文、水力和水质过程的模拟。具体过程如下：

SWMM 模拟城市径流产生的水文过程包括降水、蒸发、融雪、洼蓄、渗透、地表径流等。通过将研究区分成不同的子汇水面积，给每个单独的子汇水面积赋以各自的渗透和不渗透表面积比例，可以模拟这些过程的空间变化。同时可以在子汇水面积及其出水口之间演算地表径流的情况。

SWMM 模拟水力情况包括排水管网径流、蓄水/处理设施、渗入/进流、运动波或完全动态波流量演算、流态（回流、超载流、地表积水等）、水泵运行、孔口开口等。这些过程可以用于模拟整个排水管网、蓄水/处理设施的径流和外部进流。

SWMM 模拟水质情况包括各种土地利用类型的旱季污染物增长、降水过程中的污染物冲刷、污染物的沉积、清扫等导致污染物累计的降低、BMP 导致冲刷负荷的降低、系统内水质成份的演算等。这些过程可以模拟任意用户定义的污染物成分，评价本次径流模拟过程中的污染物负荷。

2.5.2　SWMM 的典型应用

自从 SWMM 模型问世以来，在排水管网以及城市降水研究中得到了广泛应用，其中最典型的应用包括：

（1）城市雨洪设施设计。

（2）城市水质保护设施设计。

（3）城市泛洪区的示意图绘制。

（4）排水管网溢流设计控制。

（5）渗入和溢流量对污水管网的影响评价。

（6）城市非点源污染负荷定量化研究。

（7）BMP（最佳管理措施）降低预计污染负荷的效用。

2.5.3　SWMM 模型组织结构

SWMM 将排水系统概化为几种主要环境组件之间的一系列水和物质流。SWMM 包含的组件和对象有：

（1）大气部分，其中降水的生成，污染物向地表的沉积。SWMM 利用雨量计对象表示输入到系统的降雨。

（2）地表部分，通过一个或者多个子汇水面积对象表示。它从大气部分接受雨雪形式的降水，以渗入形式输送出流到地下水部分，也作为径流和污染物负荷进入到输送部分。

（3）地下水部分，接受来自地表部分的渗入，将一部分进流量送入输送部分。该部分利用含水层对象模拟。

（4）输送部分，包含了输送元素（渠道、管道、水泵和调节器）的网络和蓄水/处理装置，输水到排放口或者处理设施。该部分的进流量来自地表径流、地下水交叉流，旱季污水流，或者来自用户定义的水文过程线。输送部分的组件利用节点和管段对象模拟。

并非所有部分均需要在特定 SWMM 模型中出现。例如，利用预定义的水文过程线作为输入，可以仅仅模拟输送部分。

2.5.4　可视化对象

SWMM 可视化对象的总体布置如图 2.14 所示。

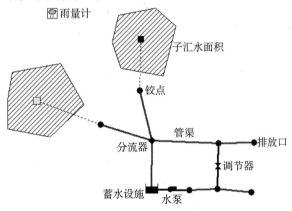

图 2.14　SWMM 模型可视化对象示意图

（1）雨量计。雨量计为研究区域内的一个或者多个子汇水面积提供降水数据。雨量数据可以是用户定义的时间序列，或者来自外部文件。支持目前使用的几种不同降雨文件格式，以及标准的用户定义格式。

（2）子汇水面积。子汇水面积是利用地形和排水系统元素，将地表径流直接导向单一排放点的地表水文单元。用户负责将研究面积划分为适当数量的子汇水面积，并确定子汇水面积的出水口。出水口可以是排水系统的节点或者其他子汇水面积。

子汇水面积可以划分为渗透和不渗透子面积。地表径流能够渗入到渗透子面积的上层土壤区域，而不渗透子面积不可以。不渗透面积又分类为两种子面积——包含洼地蓄水的和不包含的。来自子汇水面积的子面积径流可以演进到另一种子面积，或者这两种子面积均排向子汇水面积的出水口。

可以利用三种不同的模型描述从子汇水面积的渗透面积到不饱和上层土壤区域的降雨渗入：Horton 渗入；Green-Ampt 渗入；SCS 曲线数渗入。

为了模拟子汇水面积上雪水的累积、重新分布和融化，必须设置积雪对象。为了模拟子汇水面积下面含水层之间的地下水流和排水系统节点，子汇水面积必须设置地下水参数集。子汇水面积的污染物增长和冲刷对应于赋给子汇水面积的土地利用。利用不同类型地影响开发实践（例如生物滞留网格、渗渠、多孔路面、草洼和雨桶）捕获和滞留雨水/径流，通过将在一组预定义的 LID 控制赋给子汇水面积而模拟。

（3）连接节点。连接节点（铰点）是管段相互连接的排水系统节点。物理上它们表示了自然地表渠道的汇流、排水管道系统的检查井，或者管道连接配件。外部进流可以在铰点进入系统。铰点的过分水量可以变为部分有压的，同时连接的渠道处于超负荷状态，可能从系统中损失；或者允许铰点顶部积水，并随后返回到铰点排放。

（4）排放口节点。排放口是在动态波流量演算下，用于定义最终下游边界的排水系统终端节点。对于其他类型的流量演算，它们可以作为铰点。仅有一条管段可连接到排放口节点。

（5）分流器节点。分流器是将进流量以预定义方式转向特定渠道的排水系统节点。分流器在出水侧不能够超过两条管渠管段。分流器仅在运动波演算下活动，在动态波演算下处理为简单铰点。

（6）蓄水设施。蓄水设施是提供蓄水容积的排水系统节点。物理上它们能够表示小到汇水区域，大到湖泊的蓄水设施。蓄水设施的容积属性通过表面积与高度的函数或者表格描述。

（7）管渠。管渠为输送系统中的水从一个节点向另一个运动的管道或者渠道。它们的断面形状可以从各种标准敞开和封闭的几何形状中选择。SWMM 利用曼宁公式表示所有管渠的流量（Q）、断面面积（A）、水力半径（R）和坡度（S）之间的关系。对于公制单位，

$$Q = \frac{1}{n} A R^{2/3} S^{1/2} \tag{2.33}$$

式中，n 为曼宁粗糙系数。坡度 S 解释为管渠坡度或摩擦坡度（即单位长度的水头损失），取决于使用的流量演算方法。

对于圆形有压管道，利用 Hazen-Williams 或者 Darcy-Weisbach 公式代替曼宁公式。公制单位下 Hazen-Williams 公式为：

$$Q = 3.391 C A R^{0.63} S^{0.54} \tag{2.34}$$

式中，C 为 Hazen-Williams C 因子，随着表面粗糙系数的倒数变化，为断面参数之一。

Darcy-Weisbach 公式为：

$$Q = \sqrt{\frac{8g}{f}} = A R^{1/2} S^{1/2} \tag{2.35}$$

式中，g 为重力加速度；f 为 Darcy-Weisbach 摩擦因子。对于紊流，由管壁粗糙高度

（为输入参数）和流体的雷诺数，利用 Colebrook-White 公式确定。公式的选择是为用户提供的选项。

（8）水泵。水泵是用于提升水到较高标高的管段。水泵曲线描述了水泵流量与进水和出水节点状态间的关系。支持四种不同类型的水泵曲线：

类型 1：具有集水井的离线水泵，其中流量随着可用集水井容积持续增加；

类型 2：在线水泵，流量随着进水节点深度持续增加；

类型 3：在线水泵，流量随着进水和出水节点间水头差连续变化；

类型 4：变速在线水泵，流量随着进水节点深度连续变化。

理想条件："理想"转换水泵，流量等于进口节点的进流量，不需要曲线。

水泵必须具有唯一的出流管段来自它的进水节点。主要用于初步设计。通过制定进水节点的开启和关闭水深，或者通过用户指定的控制规则，可以动态控制水泵的开/关状态。规则也可用于模拟变速驱动，控制水泵。

（9）流量调节器。流量调节器是输送系统内用于控制和转换流量的构筑物或者设施。主要用于：控制蓄水设施的出水；防止不可接受的超载；转移流量到处理设施和截流器。

SWMM 可以模拟以下类型的流量调节器：孔口、堰和出水口。

（10）地图标签。地图标签是添加在 SWMM 研究面积地图中的可选文本标签，有助于辨识特定的对象或者地图区域。标签可以任何 Windows 字体绘制，自由编辑并可拖动到地图的任何位置。

2.5.5　非可视化对象

除了可以显示在地图中的物理对象，SWMM 利用几种非可视化数据对象，描述研究区域内的额外特性和过程。

1. 气候

气候包括温度、蒸发、风速、雪融和面积亏损。在 SWMM 中以气象条件编辑器输入。

（1）温度：模拟径流计算中的降雪和雪融过程时使用的温度数据。他们也可以用于计算每日蒸发速率，如果没有模拟这些过程，就不需要温度数据。可以以自定义时间序列或者外部气候文件定义。

（2）蒸发：表示子汇水面积表面的静水，地下含水层的地下水，以及蓄水设施中的水的蒸发速率。可以以单一恒定数值、每月平均值集合、每日数值的用户定义时间序列、来自包含在外部气候文件中的每日气温计算数值或直接从外部气候文件读取的每日数值定义。

（3）风速：可选的气候变量，仅用于雪融计算。可以以每月平均速度集合或包含在相同气候文件中每日最低/最高温度的风速数据定义。

（4）雪融：当模拟降雪和雪融时，雪融参数是整个研究区域使用的气候变量。它们包括降雪时的气温、雪表面的热交换属性和研究范围标高、纬度和经度校正。

（5）面积亏损：指累积雪量开始融化，在子汇水面积表面的非均匀性。当融化过程继续时，雪覆盖的面积在减小。该行为通过面积亏损曲线（ADC）描述。

2. 积雪

积雪刻画的是冰雪的增长、去除和融化参数。SWMM 将积雪面积分为以下三类。

（1）可耕积雪面积，包含进行了除雪活动的不渗透面积；

（2）不渗透积雪面积，包含子汇水面积剩余的不渗透面积；

（3）渗透积雪面积，包含子汇水面积的整个渗透面积。

三种面积分别通过以下参数刻画。

（1）最小和最大雪融系数；

（2）雪融发生的最小气温；

（3）100％面积覆盖时的雪深度；

（4）初始雪深度；

（5）积雪中的初始和最大自由含水量。

3. 含水层

含水层是用于模拟从汇水面积渗入水竖向运动的地下水面积。它们也允许地下水渗入到排水系统，或者从排水系统渗出地下水，取决于存在的水力梯度。含水层利用两个区域表示非饱和区域和饱和区域。它们的特性利用一些参数刻画，例如土壤空隙率、导水率、蒸发蒸腾深度、底部标高和到深层地下水的损失。此外，必须提供不饱和区域的初始水位标高和初始含湿量。正是在子汇水面积的地下水流量属性中定义的含水层，连接到子汇水面积和排水系统节点。该属性也包含了控制含水层饱和区域和排水系统节点之间地下水流速率的参数。

4. 单位水文过程线

单位水文过程线（UH）估计进入排水管道系统的降雨依赖渗入/进流（RDII）。UH 集包含多至三种这样的水文过程线，一个是短期响应，一个是中期响应，另外一个是长期响应。UH 群具有多达 12 个 UH 集，一年中每月一个。每一 UH 群认为是 SWMM 的一个独立对象，根据供给降雨数据的雨量计名，赋给每一个唯一名称。

每一单位水文过程线通过三个参数定义：

（1）R：进入排水管道系统的降雨容积分数；

（2）T：由降雨开始到 UH 高峰的时间，小时；

（3）K：UH 回退时间与到高峰时间的比值。

每一单位水文过程线也可具有一组初始损失（IA）参数。这些确定了在任何过分降雨产生和转化为 RDII 水流之前，通过水文过程线，多少降雨损失成截流和洼地蓄水。IA 参数包括：IA 的最大可能深度（毫米或者英寸），旱季蓄存的 IA 亏损恢复速率（毫米/日或者英寸/日），蓄存 IA 的初始深度（毫米或者英寸）。

为了产生到达排水系统节点的 RDII，必须确定节点的 UH 群（通过其进流属性），以及贡献于 RDII 流量的周围排水区域的面积。

5. 横剖面

横剖面是指描述了底部标高怎样随自然渠道或者不规则形状渠道断面的水平距离而变化的几何数据。

6. 控制规则

控制规则确定怎样在模拟过程中调整排水系统中水泵和调节器。

7. 污染物

SWMM 可以模拟用户指定的任意数量污染物产生、进流和迁移过程。每一种污染物需要的信息包括：污染物名称；浓度单位（即毫克/升，微克/升或者数量/升）；降雨中的浓度；地下水中的浓度；直接渗入/进流中的浓度；一级衰减系数。

也可在 SWMM 中定义协同污染物。例如，污染物 X 可以具有协同污染物 Y，意味着 X 的径流浓度将是 Y 浓度的固定分数。子汇水面积中污染物增长和冲刷，通过赋给这些区域的土地利用特性确定。排水系统的污染物输入负荷也可从外部时间序列进流产生，或者来自旱季进流量。

8. 土地利用

土地利用是开发活动的类型或者赋给子汇水面积的地表特征，仅用于考虑子汇水面积内污染物增长和冲刷速率的空间变化。SWMM 为每一子汇水面积赋以混合的土地利用，以百分比表示。

每种土地利用类型可以定义污染物增长、污染物冲刷和街道清扫三种过程。

污染物增长。污染物增长，是在土地利用类型中的累积，通过单位子汇水面积的质量或者单位边沿长度的质量描述（或者"正规化"）。增长的量是前期干旱天数的函数，可以利用以下函数计算：

（1）幂函数：污染物增长（B）累积正比于时间（t）的 C^3 次幂，直到达到最大限值，

$$B = \mathrm{Min}\,(C_1,\ C_2 t^{C^3}) \tag{2.36}$$

式中，C_1 为最大增长可能（单位面积或者边沿长度的质量）；C_2 为增长速率常数；C^3 为时间指数。

（2）指数函数：增长遵从指数增长曲线，渐近达到最大限值，

$$B = C_1\,(1 - e^{-C_2 t}) \tag{2.37}$$

式中，C_1 为最大增长可能（单位面积或者边沿长度的质量）；C_2 为增长速率常数（1/日）。

（3）饱和函数：增长以线性速率开始，随时间持续下降，直到达到饱和数值，

$$B = \frac{C_1 t}{C_2 + t} \tag{2.38}$$

式中，C_1 为最大增长可能（单位面积或者边沿长度的质量）；C_2 为半饱和常数（达到最大增长一半时的天数）。

污染物冲刷。给定土地利用类型发生在雨季的污染物冲刷，可以描述为以下方式之一。

（1）指数冲刷：冲刷负荷（W）单位为质量每小时，正比于径流的 C_2 次幂与增长剩余量的乘积，

$$W = C_1 q^{C_2} B \tag{2.39}$$

式中，C_1 为冲刷系数；C_2 为冲刷指数；q 为单位面积的径流速率（毫米/时或英寸/时）；B 为污染物增长，质量单位。

这里的增长为总质量（不是单位面积或者边沿长度），且增长和冲刷质量单位是相同的，用于表达污染物的浓度（毫克、微克或者数量）。

（2）性能曲线冲刷：冲刷 W 的性能（质量/秒），正比于径流速率的 C_2 次幂，

$$W = C_1 Q^{C_2} \tag{2.40}$$

式中，C_1 为冲刷系数；C_2 为冲刷指数；Q 为径流速率，用户定义的流量单位。

街道清扫。可在每一土地利用类型上使用街道清扫，周期性减少特定污染物的累积增长。描述街道清扫的参数包括：清扫之间的天数；模拟开始时距最后一次清扫的天数；可被清扫去除的所有污染物增长分数；通过清扫去除的每一污染物可用增长分数。

注意对于每一土地利用，这些参数可能是不同的；对于污染物，最后一个参数也可能不同。

9. 处理

从进入任何排水系统流量来的污染物去除，通过将一组处理函数赋给节点模拟。处理函数可以是任何已形成的数学表达式，涉及：

（1）所有进入节点水流混合的污染物浓度（将污染物名称用于表示浓度）。

（2）其他污染物的去除（将 R 前缀用于污染物名称，表示去除）。

（3）以下任何过程变量：FLOW，进入节点的流量（用户定义流量单位）；DEPTH，高于节点内底的水深（m 或 ft）；AREA，节点表面积（m² 或 ft²）；DT，演算时间步长（s）；HRT，水力停留时间（h）。

处理函数的结果可以为浓度（以字符 C 表示）或者去除率分数（以 R 表示）。例如，蓄水节点出口 BOD 的一级衰减表达式可以表示为：

$$C = BOD \times \exp(-0.05 \times HRT) \tag{2.41}$$

或者一些痕量污染物的去除，正比于总悬浮固体（TSS）的去除，表示为：

$$R = 0.75 \times R_{TSS} \tag{2.42}$$

10. 曲线

曲线对象用于描述两个量之间的函数关系。可使用 SWMM 模拟以下类型曲线：

（1）蓄水——描述蓄水设施节点的表面积怎样随水深变化。

（2）形状——描述定制断面形状的宽度怎样随管渠管段的高度变化。

（3）分流——将分流器节点分流的出流量与总进流量相关。

（4）潮水——描述排放口节点的阶段一日内每小时怎样改变。

（5）水泵——将水泵管段流量与上游节点的深度、容积，或者与水泵输送的扬程相关。

（6）性能——将通过出水口管段的流量与通过出水口的水头差相关。

（7）控制——确定水泵或者流量调节器的控制设置变化，作为模拟控制规则中指定的一些控制变量（例如特定节点的水位）的函数。

每一曲线必须给出唯一名称，可以赋以任意数量的数据对。

11. 时间序列

时间序列对象用于描述特定对象属性怎样随时间的变化，时间序列可用于描述：

（1）温度数据。

（2）蒸发数据。

（3）降雨数据。

（4）排放口节点的阶段。

（5）排水系统节点的外部进流水文过程线。

（6）排水系统节点的外部进流污染过程线。

（7）水泵和流量调节器的控制设置。

每一时间序列必须赋以唯一的名称，可以赋以任意数量的时间-数值数据对。时间可以制定为从模拟开始后的小时数，或者作为绝对日期和一日内的绝对时间。时间序列数据可以直接输入到程序，或者从用户提供的时间序列文件中访问。

12. 时间模式

时间模式允许外部旱季流量（DWF）以周期形式变化。它们包含了一组调整因子，用作基线 DWF 流量或者污染物浓度的乘子。不同类型的时间模式包括：

（1）每月　一年内每月一个乘子；

（2）每日　一周内每日一个乘子；

（3）每小时　从凌晨零点到晚上 11 点每一小时一个乘子；

（4）周末　周末的每小时乘子。

每一时间模式必须具有唯一的名称，在常见模式的数量上没有限制。每一旱季流量（流量或者水质）可以达到 4 个模式与其相关，每一个对应于以上所列的情况。

13. LID 控制

LID 控制是为捕获地表径流，提供滞留、渗入和蒸发蒸腾作用的组合而设计的低影响开发实践。它们认为是给定子汇水面积的属性，类似于含水层和积雪的处理。SWMM 可以明确模拟常见的五种不同 LID 控制：

（1）生物滞留网格，是放置在砂砾排水底部之上的工程土壤结构，其上生长有植被的洼地。它们对直接降雨和来自周围区域的径流提供存储、渗入和蒸发。雨水花园、街道植物园和绿色屋顶是生物滞留网格的各种变化形式。

（2）渗渠是填充砂砾的浅渠，用于截除来自上游不渗透面积的径流。它们提供了储存容积和捕获径流的额外时间，为了渗入原土壤以下。

（3）连续多孔路面系统，是开挖的区域，填充有砂砾，利用多孔混凝土或者沥青铺砌。通常所有降雨将立即通过路面进入旗下的砂砾蓄水层，在这里可以在自然速率下渗入到场地土壤。砖块铺砌系统包含了放置在沙子上的不渗透性铺摊砖块，或者以下具有砂砾蓄水层的豆状砂砾层。降雨在砖块之间的开放空间捕获，输送到下面的蓄水层和原土壤。

（4）雨桶（或者水槽），为收集暴雨事件中屋顶径流的容器，可以在旱季是放或者进行雨水回用。

（5）草洼为具有坡度的渠道或者洼地，铺砌有草坪或者其他植被。它们缓慢输送收集的径流，允许更长时间深入其下的原土壤。

生物滞留网格、渗渠和多孔路面系统均可以在砂砾蓄水层内包含有可选的暗渠系统，为了输送捕获的场地径流而不是让其所有渗入。它们也可以具有不渗透底层或者衬里，放置向原土壤的渗入。渗渠和多孔路面系统也可能由于堵塞，导水率随时间下降。尽管一些 LID 实践也可以提供显著的污染物降低效益，目前 SWMM 仅仅模拟它们的水文性能。

可以采用两种方式处理子汇水面积内 LID 控制：

（1）在子汇水面积内放置一种或者多种控制，取代等量的子汇水面积内非 LID 面积。

（2）创建新的子汇水面积，总体上采用单一的 LID 实践。

2.5.6　SWMM 计算方法

SWMM 是基于物理的、离散时间的模拟模型。它利用了合适的质量、能量和动量守恒原理，通过地表径流、渗入、雪融、流量演算、地下水、地表积水和水质演算等七个物理过程，模拟雨水径流量和水质。

1. 地表径流

SWMM 使用的地表径流概念示意图见图 2.15。每一子汇水面积表面处理为非线性水库。进流量来自降水和任何指定上游子汇水面积。几个出流量包括渗入，蒸发和地表径流。该"水库"的能力是最大洼地蓄水，通过积水、地表湿润和截流提供最大地表蓄水。单位面积的地表径流量 Q，仅仅发生在"水库"中水深超过最大洼地蓄水 d_p 时，出流量通过曼宁公式计算。子汇水面积内的水深（d 以英尺计）随着时间连续更新（t 以秒计），通过数值求解子汇水面积上的水量平衡方程。

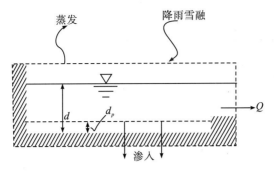

图 2.15　地表径流概念示意图

2. 渗入

渗入是降雨穿透地表进入渗透性子汇水面积非饱和土壤区域的过程。为了模拟，渗入 SWMM 提供了三个选项。

Horton 方程：该方法是根据经验观测，说明渗入呈指数降低，在整个长期降雨时间过程中，从初始最大速率到最小速率。该方法需要的输入参数包括最大和最小渗入速率，描述速率怎样随时间下降的衰减系数，以及完全饱和土壤被彻底排干需要的时间。

Green-Ampt 方法：该方法模拟渗入假设土壤主体中存在尖锐湿润锋，将具有一些初始含湿量的土壤与上部饱和土壤分离。需要的输入参数有土壤的初始含湿量亏损，土壤导水率，以及湿润锋的吸入水头。

曲线数方法：该方法来自估计径流的 NRCS（SCS）曲线数方法。它假设土壤的总渗入能力来自土壤的表格化曲线数。降雨事件过程中，该能力作为累积降雨和剩余能力的函数在下降。该方法的输入参数为曲线数和完全饱和土壤彻底排干需要的时间。

SWMM 也允许通过每月基础上的固定量调整渗入恢复速率，为了考虑蒸发速率和地下水水位等因子的季节性变化。该可选的每月土壤恢复模式指定为工程蒸发数据的一部分。

图 2.16 是用在 SWMM 中的双区地下水模型示意图。上层区域为非饱和的，具有变化的含湿量 θ；下层区域为完全饱和的，因此含湿量固定在土壤孔隙率 φ。图中的通量，表达为单位时间、单位面积的容积，包含有：①f_I 来自地表的渗入；②f_{EU} 来自上层区域的蒸发蒸腾作用，它是没有使用的地表蒸发固定分数；③f_U 从上层到下层的穿透，取决于上层区域含湿量 θ 和深度 d_U；④f_{EL} 来自下层区域的蒸发蒸腾作用，它是上层区域 d_U 的函数；⑤f_L 从下层区域向深层地下水的穿透，它取决于下层区域深度 d_L；⑥f_G 侧向地下水与排水系统的交叉流，取决于下层区域深度 d_L 和受纳渠道或者节点的深度。

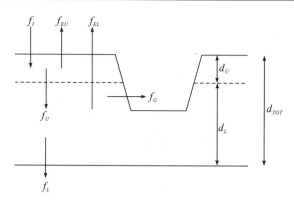

图 2.16　双区地下水模型

在计算给定时间步长的通水量之后，对于每一区域存水容积的变化写出质量守恒，以便能够在下一时间步长计算新的地下水位深度和不饱和区域含湿量。

3. 雪融

SWMM 的雪融例程是径流模拟过程的一部分。它更新了与每一子汇水面积相关的积雪状态，通过考虑冰雪的累积、面积亏损和除雪操作中冰雪的重新分布，以及热平衡计算的雪融。来自积雪的任何雪融，处理为子汇水面积的额外降雨输入。

在每一径流时间步长上执行以下计算：根据日历日期更新气温和融化系数；将任何作为降雪的降水添加到积雪；地块的可耕面积任何过分的冰雪深度，根据该地块的除雪参数重新分配；地块不渗透和渗透面积上冰雪的覆盖，根据研究面积定义的面积亏损曲线降低。

积雪中的冰雪融化为液态水，利用：

（1）降雨阶段的热量平衡方程，其中融化速率随着气温、风速和降雨强度的增加而增加；

（2）无降雨阶段的度-日方程，其中融化速率等于融化系数与气温和积雪基本融化温度差的乘积。

如果不发生融化，积雪温度根据当前和过去气温之差与调整的融化系数乘积上下调整。如果发生融化，积雪的温度通过融雪的当量热含量增加，达到基本融化温度。任何超过剩余的融化液体，可用作来自积雪的径流。

于是可用的雪融减少量为积雪能够保持的剩余自由水量。剩余融化的处理，与额外进入子汇水面积的降雨输入相同。

4. 流量演算

SWMM 中管渠管段的流量演算，通过渐变非恒定流质量和动量方程的守恒控制（即圣维南流量方程组）。SWMM 用户具有求解这些方程的复杂水平选择：①恒定流演算；②运动波演算；③动态波演算。

恒定流演算：恒定流演算表示了最简单的演算（实际上没有演算），假设每一计算时间步长内流量是恒定均匀的。于是它简单将渠道上游端点的进流水文过程线转化为下游端点，没有延后或者形状上的变化。正常流动方程用于将流量相关于过流面积（或者水深）。

该类演算不考虑渠道蓄水、回水影响、进口/出口损失、流向逆转或者压力流动。它仅仅用于树状输送网络，其中每一节点仅具有单一出水管段（除非节点为分流器，这种情况下需要两条出流管段）。这种形式的演算对使用的时间步长不敏感，事实上仅适合于利用长期连续模拟的初步分析。

运动波演算：该类演算方法利用每一管渠动量方程的简化形式，求解连续性方程。后者需要水面坡度等于渠道坡度。

可以通过管渠输送的最大流量，为满流正常水流数值。超过该值的任何流量进入进水节点，其损失来自系统，或者可能在进水节点顶部积水；以及当能力可用时，重新引入到管渠。

运动波演算允许流量和面积随管渠空间和时间上的变化。当进流量在整个渠道演算时，可能导致缓冲和延缓的出流水文过程线。可是，该种形式的演算没有考虑回水影响、进口/出口损失、水流逆转或者压力流，也限制为枝状网络布局。它通常维护了数值稳定性，具有中等大的时间步长，量级为 5 到 15 分钟。如果不期望前述的效应很显著，那么该可选方式可以是一个精确有效的演算方法，尤其对于长期模拟。

动态波演算：动态波演算求解完整一维圣维南流量方程组，因此产生了理论上最精确的结果。这些方程包括管渠的连续性和动量方程，以及节点的容积连续性方程。

利用这种形式演算，当封闭渠道满流时，可能表示压力流，以便流量可以超过满流正常水流数值。当节点的水深超过最大可用深度时，发生洪流；过分流量从系统损失，或者在节点顶部积水，并可重新进入排水系统。

动态波演算可以考虑渠道蓄水、回水、进口/出口损失、流向逆转和压力流。因为它耦合了节点水位和管渠流量的求解，可用于任何一般网络布置，甚至包含了多重下游分流和回路情况。对于受到显著回水影响的系统，这是可选的方法，由于下游流量约束，并具有通过堰和孔口的流量调整。该方法必须利用更小的时间步长，量级为分钟或更低（为了维护数值稳定性，需要时 SWMM 将自动减少用户定义的最大时间步长）。

以上每一种演算方法，利用曼宁公式将流量与水深和底部（或者摩擦）坡度相关。一种例外是对于圆形压力干管形状，在有压流下，需要利用 Hazen-Williams 或者 Darcy-Weisbach 公式。

地表积水。流量演算中，当进入节点的流量超过系统输送到下游的能力时，过分容积通常溢流出系统并被损失。存在一种选项，将过分容积存储在节点顶部，能力许可时，以积水形式重新引入到系统。在恒定和运动波流量演算下，积水简单存储为过分容积。对于动态波演算，它受到节点处水深维护的影响，过分的容积假设在具有恒定表面积的节点积水。该表面积量是用于铰点的输入参数。此外用户希望明确表示表面溢流系统。明渠系统中可以包括桥梁或者涵洞交叉处的道路溢流，以及额外泛洪蓄水区域。封闭渠道系统中，表面溢流可能输送到街道、廊道或者其他地表路径，到达下一可用雨水井或者明渠。溢流也可能在表面洼地（例如停车场、后院或者其他区域）蓄积。

水质演算。管渠管段内的水质演算，假设管渠为连续搅拌反应器（CSTR）。尽管柱塞流反应器的假设可能更加实际，如果通过渠道的输送时间与演算时间步长处于相同的数量级，差异将很小。时间步长末渠道内存在的成分浓度通过积分质量方程的守恒，利用数量（例如流量和渠道容积）的均值，可能在时间步长内变化。蓄水设施节点内的水质模拟遵从与管渠相同的方法。对于其他没有容积类型的节点，节点存在的水质简化为所有进入节点的混合浓度。

参 考 文 献

边馥苓. 1996. 地理信息系统原理与方法[M]. 北京：测绘出版社.

陈百明，刘新卫，杨红. 2003. LUCC 研究的最新进展评述[J]. 地理科学进展，22（1）：22-29.

戴昌达. 1981. 中国主要土壤光谱反射特性分类与数据处理的初步研究[M]//遥感文集. 北京：科学出版社，315-323.

邓辉，周清波. 2004. 土壤水分遥感监测方法进展[J]. 中国农业资源与区划，25（3）：46-49.

董彦芳，孙国清，庞勇. 2005. 基于 ENVISAT ASAR 数据的水稻监测[J]. 中国科学（D 辑），35（7）：682-689.

顾祝军. 2005. 植被覆盖度的照相法测算及其与植被指数关系研究[D]. 南京：南京师范大学.

黄青，唐华俊，周清波，等. 2010. 东北地区主要作物种植结构遥感提取及长势监测[J]. 农业工程学报，26（9）：218-223.

黄杏元，汤勤. 1990. 地理信息系统概论[M]. 北京：高等教育出版社.

李斌，谭立湘，李海鹰，等. 2000. 基于 Internet 的信息集成技术[J]. 计算机工程，（11）：35.

李德仁，朱庆，李霞飞. 2000. 数码城市：概念、技术支撑和典型应用[J]. 武汉测绘科技大学学报，25（4）：283-288.

刘焕军，张柏，赵军，等. 2007. 黑土有机质含量高光谱模型研究[J]. 土壤学报，44（1）：27-32.

刘纪远. 1997. 国家资源环境遥感宏观调查与动态监测研究[J]. 遥感学报，1（3）：225-230.

刘金涛，张佳宝. 2006. 前期土壤含水量对水文模拟不确定性影响分析[J]. 冰川冻土，28（4）：519-525.

刘兴元，陈全功，梁天刚，等. 2006. 新疆阿勒泰牧区雪灾遥感监测体系构建与灾害评价系统研究[J]. 应用生态学报，17（2）：215-220.

刘秀英，林辉，熊建利，等. 2005. 森林树种高光谱波段的选择[J]. 遥感信息，（4）：41-45.

卢艳丽. 2007. 东北平原土壤有机质及主要养分高光谱定量反演[D]. 北京：中国农业科学院，31-37.

王辉，王全九，邵明安. 2008. 前期土壤含水量对黄土坡面氮磷流失的影响及最优含水量的确定[J]. 环境科学学报，28（8）：1571-1578.

王建，马明国，Paolo Federicis. 2001. 基于遥感与地理信息系统的 SRM 融雪径流模型在 Alps 山区流域的应用[J]. 冰川冻土，23（4）：436-441.

魏娜，姚艳敏，陈佑启. 2008. 高光谱遥感土壤质量信息监测研究进展[J]. 中国农学通报，24（10）：491-496.

毋河海，龚健雅. 1997. 地理信息系统（GIS）空间数据结构与处理技术[M]. 北京：测绘出版社.

吴鹏鸣，姚荣奎，鲍子平. 1995. 环境监测原理与应用[M]. 北京：化学工业出版社.

吴升，王家耀. 2000. 近年来地理信息系统的技术走向[J]. 测绘通报，（3）：20-21.

辛晓洲，田国良，柳钦火. 2003. 地表蒸散定量遥感的研究进展[J]. 遥感学报，7（3）：233-240.

徐永明，蔺启忠，黄秀华，等. 2005. 利用可见光/近红外反射光谱估算土壤总氮含量的实验研究[J]. 地理与地理信息科学，21 (1)：19-22.

阎吉祥，龚顺生，刘智深. 2001. 环境监测激光雷达[M]. 北京：科学出版社.

杨路华，沈荣开. 2002. 农田水分与土壤氮素矿化的试验研究[J]. 河北农业大学学报，25 (4)：191-193.

杨沈斌，李秉柏，申双和，等. 2008. 基于 ENVISAT ASAR 数据的水稻遥感监测[J]. 江苏农业学报，24 (1)：33-38.

易永红. 2008. 植被参数与蒸发的遥感反演方法及区域干旱评估应用研究[D]. 北京：清华大学.

张利平，胡江林，邓中华，等. 2003. 人工神经网络在卫星遥测定量降雨估算中的应用[J]. 系统工程理论与实践，(1)：139-142.

张穗，谭德宝，王宝忠，等. 2008. TM 遥感影像监测裸露土壤含水率的方法研究[J]. 长江科学院院报，25 (1)：34-35.

张智韬，陈俊英，刘俊民，等. 2010. TM6 对遥感主成分分析监测土壤含水率的影响[J]. 节水灌溉，(4)：16-19.

章文波，符素华，刘宝元. 2001. 目估法测量植被覆盖度的精度分析[J]. 北京师范大学学报：自然科学版，37 (3)：402-408.

赵求东，刘志辉，房世峰，等. 2007. 基于 EOS/MODIS 遥感数据改进式融雪模型[J]. 干旱区地理，30 (6)：915-920.

周纪，陈云浩，李京，等. 2007. 基于 MODIS 数据的雪面温度遥感反演[J]. 武汉大学学报：信息科学版，32 (8)：671-675.

朱庆，林珲. 2004. 数码城市地理信息系统——虚拟城市环境中的三维城市模型初探[M]. 武汉：武汉大学出版社.

Clark K C. 1997. Getting Started with Geographic Information Systems[M]. NJ：Prentice Hall.

Gassman P W，Reyes MR，Green CH，et al. 2007. The SWAT：historical development，applications and future research directions[J]. American Society of Agricultural and Biological Engineers，50 (4)：1211-1250.

Huffman G J，Adler R F，Morrissey M M，et al. 2000. Global precipitation at 1 degree daily resolution from multi-satellite observations[J]. Journal of Hydrometeorology，2 (1)：36-50.

Korte G B. 1997. The GIS Book[M]. 4th ed. Santa Fe：On World Press.

Leonard P G，Henry M P，Plerre C，et al. 1986. Non-point-source pollution：Are cropland control the answer? [J]. Journal of Soil and Water Conservation，(4)：215-218.

Neitsch S L，Arnold J G，Kiniry J R，et al. 2005. Soil and Water Assessment Tool Theoretical Documentation Version[M]. Texas：Texas Water Resources Instituxe，College Station，58-62.

Sun Z W，Shi J C，Jiang L M，et al. 2006. Development of snow depth and snow water equivalent algorithm in Western China using passive microwave remote sensing data[J]. Advances in Earth Science，21 (12)：1363-1368.

Wischmeier W H，Smith D D. 1978 Predicting rainfall erosion losses-A gaide to conservation[J]. Agriculture Handbook，(537)：1-66.

第三章 流域非点源污染形成的时空信息表达与机理

　　污染物的发生源通常可分为点源和非点源两类，非点源污染是指污染物从特定地点在不确定的时间内、排放不确定数量的污染物汇入受纳水体而引起环境污染。非点源污染物的产生、迁移与水文循环有着密不可分的联系。水流是非点源污染物迁移转化的媒介，水文过程与非点源污染物迁移转化过程是互相影响、互相作用的。近年来随着工业点源污染控制水平的提高，非点源污染已成为水环境污染的主要来源，在各种非点源污染引起的水环境污染问题中农业非点源污染最为普遍，并构成当今世界水质恶化的第一大威胁。农业非点源污染具有影响因素多、发生的随机性大、危害范围广、污染物排放种类和数量不确定、污染负荷时空差异性显著等特点，使得农业非点源污染的研究与防治工作比点源污染更为困难。非点源污染的主要危害可概括为以下 3 个方面：①淤积水体、降低水体生态功能；②引起水体富营养化，破坏水生生物的生存环境；③污染饮用水源，危害人体健康。

　　农业非点源污染研究内容主要包括两个方面：一方面是化肥、农药及畜禽粪便等经土壤通过不同途径进入水体对受纳水体造成的污染影响，包括研究受纳水体的环境容量和研究农业非点源对水体产生的危害，其中，国内研究较多的是对地表水富营养化和地下水硝态氮污染的问题；另一方面的研究内容主要是农业非点源污染的产污机理与影响因素。了解农业非点源污染的产污机理是进行治理与开展模拟监测的前提，近年来有许多学者对农业非点源污染的形成过程、影响因素及计算方法进行了较为深入的研究，一致认为非点源污染形成分为四个连续的动态过程，即降雨径流过程、土壤侵蚀过程、土表溶质溶出过程和土壤溶质渗漏过程。水文过程（地表径流、壤中流、地下径流对降水的响应）对农业非点源污染物的产生与分配有很重要的作用，要研究农业非点源污染物迁移转化规律的机理，首先必须阐述水文物理过程的机理。减少 N、P 随水文过程从各种途径进入水体的总量，能减轻水体污染状况，改善水体富营养化现象。因此，确定农业活动中的 N、P 输移的影响因子，了解 N、P 随水文循环的迁移转化规律是十分必要的。它不仅为了解 N、P 随水文过程的迁移转换机理、控制非点源输出、改善水环境、发展高效农业提供了科学依据，而且对经济、社会的可持续发展有着深远的影响。

　　对非点源污染形成的时空机理研究是运用计算机模拟非点源污染的产污过程的基础。如何从信息机理的角度来模拟非点源污染的产污，从现实世界中去获取属性数据，通过规则库的建立，经由模拟平台在时间上的动态模拟，来实现对现实世界的最大程度上的还原，最后在通过决策支持和应急响应系统的完善，完成对研究对象的表达和描述。同时可以通过在动态模拟中添加各种控制条件如：土地利用、气候、环境等，查看其对产污的影响程度，为非点源污染的控制决策提供科学依据。

3.1　流域水文与氮磷循环空间信息流

研究非点源污染最终是要控制非点源污染，由于非点源污染是降雨动能的冲击作用及地表径流冲刷而产生的土壤颗粒、化肥、农药等随地表径流流入水体、引起水质污染的过程，因此采用实地调查监测法确实降雨径流的水质、水量，在此基础上又将流域水文模型引入用于估算非点源污染负荷，与此同时研究化学肥料中的 N、P 由土壤向水环境迁移转化与扩散。

3.1.1　洱海流域农业非点源污染特征

农田面源污染、农村畜禽粪便和农村生活污水是洱海入湖负荷的主要污染源，主要控制因子为 TN、TP。随着经济的发展、城市化的推进，流域城镇的污染影响将会继续增大，在"十五"、"十一五"期间流域内针对农村面源和城镇生活污染采取了一定的技术措施，开展了大量截污治污工程，虽取得了一定的效果，但由于农村面源污染防治的措施还较为单一，范围局限，包括畜禽养殖污染在内的农村面源污染未得到有效治理，仍是洱海的主要污染源。其中以流域北部、西部坝区及环湖村落为主的畜禽养殖污染、农村生活污水、生活垃圾污染对河流湖泊影响较为严重，亟待整治。影响农业非点源污染的因素众多，如土壤质地、土地利用类型、施肥种类和方法、耕作方式、降雨强度等。就洱海流域而言，流域内农业生产集约化程度相对较高，化肥农药施用量较大，是造成农业非点源污染的主要原因。氮磷作为植物生长发育所必须的营养元素，是化学肥料的主要成分，也是农业非点源污染的主要因素。因此研究农业非点源污染特征，主要在于研究氮磷素。

3.1.2　土壤中氮磷的迁移转化

农业非点源污染的形成，主要由以下几个过程组成，即降雨径流过程、土壤侵蚀过程、地表溶质溶出过程和土壤溶质渗漏过程，这四个过程相互联系、相互作用。其迁移方式按形态划分主要有以下两种：①悬浮态流失，即污染物结合在悬浮颗粒上，随土壤流失进入水体；②淋溶流失，即水溶性较强的污染物被淋溶而进入径流。氮是所有活的有机体所需要的最重要的营养物质之一，它也是限制作物生长的最重要因素之一。生物化学氮循环是十分复杂的，有矿化与固定（固态的氨转化为铵态氮）、植物吸收、渗滤和地表径流、挥发和反硝化作用等过程。土壤中的磷来源于土壤中矿物的风化和其他多种稳定的矿物质，它在土壤中不容易移动。当发生化学或生物变化时，磷在土壤和水体中可以被吸附或解吸，沉淀或溶解，固定或矿化（矿化就是将有机磷转化为无机磷，固定就是将矿质磷转化为微生物量），植物吸收（养分只能以溶解态或成为离子才能输送进入植物）等，但公认的有四个过程：无机磷酸盐的溶解作用、有机磷酸盐的矿化作用、固定作用、无机磷酸盐的氧化-还原作用。通常，土壤磷的价态较为固定，氧化-还原作用并不十分重要。土壤生物在这些转化过程中起着重要作用。

从氮、磷等污染物的生物地球化学循环的角度来看，非点源污染实质上是一个扩散过程，故它的主要机理是扩散。包括两个方面，一是污染物在土壤圈中的行为；二是污染物在外界条件下（降水、灌溉等）从土壤向水体扩散的过程。但是氮和磷的化学循环具有各自的特点。不同土地利用类型的非点源污染，其负荷量也明显不同。

氮施入土体中，NH_4^+-N 呈球形扩散，而 NO_3^--N 主要以质流方式迁移。化肥、污水中氮物质的主要存在形式有两种：NH_4^+-N 和 NO_3^--N。一般来说，NO_3^--N 相对稳定，而 NH_4^+-N 在土壤中迁移转化相当复杂，分为三个层次：即耕作层、下包气带、水层。含 NH_4^+-N 进入耕作层后，部分被作物吸取、土壤吸附和在硝化作用下转化为 NO_3^--N 和少量的 NO_2 及 N_2 气体；在下包气带，部分通过下渗和弥散作用迁移到此层的 NO_3^--N，除了继续进行吸附作用之外，还要进行硝化和反硝化作用，形成 NO_3^--N、N_2 及 NO_2 气体；极少量的 NH_4^+-N 和大量的 NO_3^--N 可迁移进入土壤含水层。

磷的流失以吸附作用为主。因为磷与土壤胶粒间亲和力的存在，多数土壤可溶态磷随土壤侵蚀、径流、排水、渗漏进行。农业流域磷污染迁移传输方式有两种：一是表面径流传输过程；二是土壤壤中流传输过程。土壤表层（土壤表层 0～5cm）磷的迁移以颗粒态为主，但是磷在壤中流的传输也很明显，且以溶解性磷为主，颗粒态含量很低。

1. 土地利用变化对氮素扩散的影响

氮的输出以 NO_3^--N 为主。在单一土地利用结构中，不同地表径流中的溶解态氮浓度的差别较大。村庄最高，其次是坡耕地、林果地、荒草坡。国外已有研究表明径流水中氮的含量 94% 与农地、林地的面积有关，径流水中氮素含量与林地面积比例呈显著的线性相关，随着林地面积的增加氨氮、硝态氮、总氮的平均含量都成比例地减少；随着水塘面积的减少，硝态氮含量成比例地降低；随着林地草地所占的比例的增加，径流中氨氮的含量降低，而随着耕地百分比的增加而升高。由此表明，林地草地对氮污染物有一定的截留作用。

2. 土地利用变化对磷素扩散的影响

不同土地利用方式下农田土壤水土界面磷的扩散能力有较大的差别，例如洱海流域水稻土在旱作时土壤的固磷能力低于旱地土壤，但其磷的流失风险要低于旱地土壤，主要是因为水稻土壤磷素水平较低，同等条件下向溶液中释放的磷要少于旱地土壤。水稻土在淹水还原条件下固磷能力有了较大幅度的提高。不同土地利用对磷的形态也有一定的影响，一般来说草地和林地径流中的磷以溶解态为主，农业用地中的磷以颗粒态为主，占 75%～95%。南方红壤小流域的研究表明：磷素的流失量以竹园为最高，其次是旱地和新建果园，再次是幼龄茶园，林地和荒草地磷素的流失较小。

3.2 流域水文与氮磷循环空间信息流的形成机理

3.2.1 流域水文与氮磷循环空间信息流

流域水文与氮磷循环空间信息存在于一定的物质、能量载体之中，并能从一种载体向另一种载体传递，形成所谓的信息流。流域水文与氮磷循环空间信息的发生发展、获取、传输、处理以及感受、响应与反馈的全过程称为一个流域水文与氮磷循环空间信息运动过程。无数这种时间上先后继起、无限循环，空间上各个环节同时并存、相互交错的流域水文与氮磷循环空间信息运动过程，构成流域水文与氮磷循环空间信息流。

非点源污染形成是一个非常复杂的时空过程，它的时空信息机理是一种对污染形成规律的归纳与总结，也是这种归纳与总结在计算机模型里的一种抽象、一种映射、一种表达，它同时也是建模的核心基础。

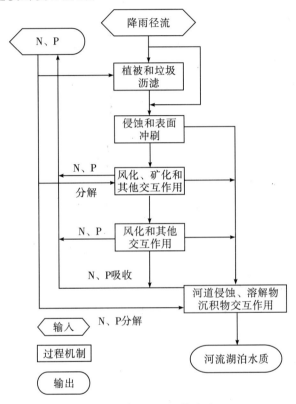

图 3.1　N、P 循环信息流

3.2.2　流域水文与氮磷循环空间信息流的形成机制

为了对流域非点源污染的形成过程进行时空信息表达，需要研究流域非点源污染产生、汇集和输运的时空过程如何映射到地理信息环境的机理。流域水文与氮磷循环空间信息流的形成机制是信息科学理论、耗散结构理论与地球科学理论的综合。

按照信息科学的理论，物质和能量的性质、特征和状态的表征即物质信息和能量信息。而这种物质信息和能量信息主要又是物质和能量存在的不均衡所造成的。因此，物质流信息就是指物质不均衡的性质、特征和状态的表征，如高与低、多与少的不均衡性的差别。能量流信息就是指能量的不均衡的性质、特征和状态的表征和知识。

流域水文与氮磷循环空间信息流的形成机制：信息流是由于物质和能量在空间分布上存在的不均衡现象所产生的，它依附于物质流、能量流而存在，也是物质流、能量流的性质、特征和状态的表征与知识。信息流是系统的纽带，堪称系统有机体中流动的血液，由于它的存在，系统才有了"生命"，才能运转。

参 考 文 献

单保庆，尹澄清，于静，等. 2001. 降雨-径流过程中土壤表层磷迁移过程的模拟研究[J]. 环境科学报，2001, 21 (1)：7-12.

黄满湘，章申，张国梁，等. 2003. 北京地区农田氮素养分随地表径流流失机理[J]. 地理学报，58 (1)：147-153.

王超. 1997. 氮类污染物在土壤中迁移转化规律试验研究[J]. 水科学进展，8 (2)：176-182.

邬伦，李佩武. 1996. 降雨产流过程与氮、磷流失特征研究[J]. 环境科学学报，16 (1)：111-116.

吴春艳. 2003. 土壤磷在农业生态系统中的迁移[J]. 东北农业大学报，34 (2)：210-218.

孙芹芹，黄金良，洪华生，等. 2011, 基于流域尺度的农业用地景观-水质关联分析[J]. 农业工程学报，27 (4)：54-58.

尹澄清，毛战坡. 2002. 用生态工程技术控制农村非点源污染[J]. 应用生态学报，13 (2)：229-232.

张乃明，洪波，张玉娟. 2004. 农田土壤磷素非点源污染研究进展[J]. 云南农业大学学报，19 (4)：453-456.

张永龙，庄季屏. 1998. 农业非点源污染研究现状与发展趋势[J]. 生态学杂志，17 (6)：51-55.

朱萱，鲁纪行，边金钟，等. 1995. 农田径流非点源污染特征及负荷定量化方法探讨[J]. 环境科学，5 (6)：6-11.

Atucha A, Merwin I A, Brown M G, et al. 2013. Soil erosion, runoff and nutrient losses in an avocado (*Persea americana* Mill) hillside orchard under different groundcover management systems[J]. Plant and Soil, 368 (1-2)：393-406.

Chen D, Lu J, Huang H, et al. 2013. Stream nitrogen sources apportionment and pollution control scheme development in an agricultural watershed in Eastern China[J]. Environmental Management, 52 (2)：450-466.

Oenema O, Roest C W J. 1998. Nitrogen and phosphorus losses from agriculture into surface waters: the effects of policies and measures in the Netherlands[J]. Water Science and Technology, 37 (3)：19-30.

Tufford D L, McKellar H N, Hussey J R. 1998. In-stream nonpoint source nutrient prediction with land-use proximity and seasonality[J]. Journal of Environmental Quality, 27 (1)：100-111.

Van der Molen D T, Breeuwsma A, Boers P. 1998. Agricultural nutrient losses to surface water in the Netherlands: impact, strategies, and perspectives[J]. Journal of Environmental Quality, 27 (1)：4-11.

第四章 流域土地利用变化的智能体模型及其与 GIS 的集成

4.1 流域土地利用变化的智能体模型建立

随着社会经济的不断发展，作为人类赖以生存的土地是一个不可再生的重要资源，人们对其的需求越来越大，土地供不应求的局势越来越严重，在"人口-资源-环境-发展"这样的一个复合系统中，人们越来越重视如何在时空上合理地分配土地，实现土地资源的可持续利用。土地利用空间结构和布局是人类与自然界相互影响与相互作用的产物，直接反映了人类与环境的关系，人们在利用土地以促进社会经济发展过程中直接引起了土地利用/土地覆盖的剧烈变化，对生态环境、生态效益产生了巨大的影响。

长期以来人们从不同的目的和理论方法，建立了一系列模型，来模拟 LUCC 的变化。ABM 是在人工智能的发展基础上，对元胞自动机、计算机仿真理论的一种新的拓展。很多学者将 ABM 引入 LUCC 研究中，提出了基于智能体的土地利用/土地覆盖变化模型（ABM/LUCC）。主要研究领域有城市土地利用变化模拟、农业土地利用变化模拟、自然资源管理应用模拟等人类活动与决策过程对土地利用/覆被变化有显著的影响已经得到了学术界的公认，ABM/LUCC 模型也被认为是未来研究土地利用/覆被变化的研究趋势。一直以来，还没有一套适合所有问题领域的通用 ABM/LUCC 模型，因为 ABM 模型构建本身与模型的服务目标、生存环境以及功能输出有密切联系。因此，模型构建的关键还是要分析与问题领域本身有关的人类活动规律、行为规则、状态转换过程以及 Agent 个体属性等。

洱海是云南省西部最大的高原湖泊，素有高原明珠之美誉，加上流域范围内宜人的气候、优美的自然景色和独具特色的民族风情，吸引了世界各地的人们，使得洱海发展成世界著名的旅游胜地之一。洱海流域旅游经济和社会生产力的快速发展以及人口数量的增长与加快的城镇化进程，使人们对土地的利用需求规模在不断扩大，导致了土地利用结构的不断变化，虽然一方面加强了该流域的经济实力，提高了人民的生活水平；另一方面，也造成了洱海环境污染、自然资源的浪费以及生态环境破坏导致生态系统的不平衡等一系列影响人类生存与社会发展的严重问题。本书探究了驱动洱海流域土地利用变化的主要影响因子，模拟了洱海流域土地利用/土地覆盖的时空演变过程，通过对该洱海流域的用地类型变化进行模拟研究，对于加强洱海流域的环境保护与开发，优化土地资源配置，协调流域经济发展，具有重大的研究意义和参考价值，为实现洱海流域社会经济的可持续发展提供决策支持。

综上所述，采用 ABM/LUCC 模型来模拟洱海流域的土地利用/土地覆盖变化是当前用地变化模拟的趋势。该模型的建立步骤为：智能体的定义与分类、智能体生存环境的定义、智能体的行为描述与表达、智能体行为影响下的 LUCC 状态转换规则构建及其时空表达、模拟平台及建模语言的选择、数据处理、模型构建及结果分析。

4.1.1　智能体的定义与分类

智能体模型（agent-based model，ABM）是由多学科纵深交叉发展而来的，其中包括分布式人工智能、计算机科学等多个计算机领域。智能体模型是一种把现实世界的微观能动的主体抽象为各种智能体的复杂系统，它是一种自下而上的计算方法。它区别于一般信息系统的最大特点是把各种智能体的相互作用结果通过计算机直观地显示出来，从而达到反映现实世界的效果。然而在现实世界中，仅对单个智能主体进行模拟预测是无法满足许多分布式的、复杂的问题的需求。黎夏等诸多学者认为多个智能体组成的多智能体模型（multi-agent system model，MAS）已经成为了一个典型的应用模型。

智能体（Agent）是多智能体模型的核心概念，它是存在于特定环境下的，并与环境相互作用的微观能动个体，在分布式系统中具有自主发挥的作用，具有以下自治性、交互性、反应性、主动性、开放性、灵活性等特征。

1. 自治性

智能体具有属于其自身特征的属性，智能体根据自身的属性特征具有不同决策行为。即使在没有外界直接操纵的情景下，智能体能够根据其内部状态和感知到的环境信息，作出决策行为。

2. 交互性

根据周立柱等的描述，智能体能够与其他智能体以及生存环境进行交互，用智能体能够理解的通信语言进行灵活多样的交互，能够有效地与其他智能体协同完成任务，以达到整体目标。

3. 反应性

智能体能够感知其所在的外部环境（地理环境和其他智能体），并能够针对一些特定的事件做出相应的反映，体现正反馈作用。

4. 主动性

刘宏等认为智能体遵循一定的规则，智能体能够根据一定的目标采取主动行动，表现出面向目标性质。

5. 开放性

一方面，各个领域的知识都能够以规则的形式显示或隐式地表达在智能体之中，实现各种专题模型。另一方面，模型还能够集成经济、社会、地理、生态等多学科领域的知识，这样可以使我们在考察区域和城市发展过程时不仅仅将目光集中在经济维度，而能够更全面地理解和认识复杂系统的演化规律。

6. 灵活性

智能体中的规则（知识）可以灵活调整、增删，其知识表达可以是显性的（如产生式系统），也可以是隐性的（如神经元网络）。

智能体的行为和特点的抽象描述如下图所示。

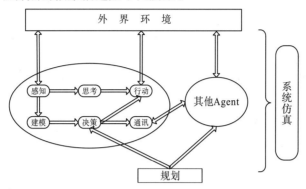

图 4.1 Agent 行为模式图

由于智能体具有个体差异，具有不同的属性（目标性、能动性、自主性、反应性、开放性、灵活性），这些微观差异将会反映在一定时空尺度上的宏观差别。因此，首要任务是将洱海流域的智能体进行分类并定义。根据实际需要解决的问题，将智能体分为两类：政府 Agent 和居民 Agent。政府 Agent 在本文中具有宏观调控的作用，居民 Agent 是洱海流域土地利用变化主要的因素。

4.1.2 智能体生存环境的定义

智能体模型中的环境与一般的环境概念不同，是指智能体活动的虚拟世界。环境可能影响智能体的行为，也可能是完全中性的媒介，对智能体不起作用或者起的作用很小，甚至在某些模型中还可能被详细地描述为类似智能体的对象。从环境的空间概念来看，Nigel Gilbert 等把智能体模型中的环境分为三类：

（1）空间明确的环境。指智能体模型中的环境和地理空间位置相对应。例如，在居民聚集模型中，环境就是一个城市的物理特征，而在国际关系模型中，环境映射省份和国家。这种环境与地理空间对应的智能体模型叫做空间明确智能体模型。

（2）空间不明确的环境。是指环境代表一个智能体活动的空间，但是该空间不表示地理位置而是抽象的空间特征，如在用一个 $n \times n$ 的方格网来表示智能体所处的环境，智能体只限于活动在方格网中。这些方格网无法在现实中找到相应的位置，这属于空间不明确的环境。

（3）非空间环境。在某些智能体模型中，环境没有空间概念，智能体之间连接成一个网络。在这类模型中，智能体与智能体之间的关系通过具有网络连接的智能体集合来体现。

前两种环境类型都可以用坐标来标识位置的概念，空间明确的环境可以用地理坐标或者投影坐标来标识位置，空间不明确的环境可以用行列值来标识。所以前两种环境可以合称为空间环境。

洱海流域的智能体生存环境主要是洱海流域的自然环境与人文环境，自然环境主要是指洱海流域地形地貌、自然资源和基础设施等；人文环境主要是指流域内的社会经济发展水平、平均的文化水平（比如文盲率等）、耕种方式等。纯粹的 ABM 理论很难将这两种环境进行准确的表达，所幸的是，现代 GIS 技术能很好地将自然环境和人文环境进行统一描述和表达。将洱海流域范围抽象成栅格地块，自然和人文等影响因素作为栅格地块的属性值。

土地不仅是人类最重要的生产资源，也是人类与自然的活动之间的关系最密切的载体。土地利用变化是一个非常复杂的动态过程，受多种因素影响。而且，这些因素对土地利用变化是相互结合共同作用的。选取对两类 Agent 需求用地类型影响较大的自然因素和人文因素，具体包括有：坡度、坡向、高程、地形起伏度、距道路的距离、距居民点的距离、距水体的距离、人口分布、经济分布等。

4.1.3　智能体的行为描述与表达

交互规则是智能体模型的另一重要组成部分。智能体和环境可以看作是智能体模型的物理基础，而交互规则是实现智能体模型时空动态模拟的关键。通常交互规则可以分为三类：

（1）智能体自身属性的变化规则。是指智能体属性随着时间的变化导致其属性发生变化的规则。如土地利用变化模型中，居民智能体会随着模型运行时间的变化，经济条件不断的变化，从而对选择居住用地的行为决策也会做出相应的变化，即其经济状况这个属性值随时间变化而变化。

（2）智能体间交互规则。智能体能够在一定的环境中进行交互。要实现这一点，就需要定义智能体之间的交互规则。智能体之间的交互规则是指智能体根据周围智能体的行为和属性做出一定反应的规则。从实现上来看，这些反应包括属性的变化和行为的变化。

（3）智能体与环境交互规则。智能体生存在一定的空间环境之中，智能体的行为会导致其所处环境的变化，另外智能体会因为所处环境的不同采取不同的行为。例如，在 MAS/LUCC 模型中，政府的决策会改变土地利用类型，而土地利用类型的不同将影响居民对土地的选择。

根据不同类别智能体的属性，在一定的社会行为模型（比如利益最大化效应、资源最优化效应、服务最优化效应等，同时将会考虑生存环境的影响）约束下，构建各智能体的时空行为函数，以概率权重的分配方式控制智能体的社会活动。

1. 政府 Agent

政府在模型中被抽象成一个具有宏观调控作用的政府 Agent。政府宏观调控整个区域的土地利用规划，对研究区域土地利用变化起到决定性作用，并引导整个流域土地利用的格局。政府规划土地利用变化在遵循国家可持续发展理论，遵循最大空间效益准则的基础上，通过最少的土地资源来获得最大的空间效益。对于要开发的区域，政府需根据居民的意愿以及农民的意愿，来综合区域的总体规划最终做出决策。政府根据人们的意愿结合土地利用规划来最终宏观调控，具有最终决定权，比如根据规划发展湿地、绿化等行为来保护生态环境，禁止围湖造田等行为。

政府根据总体规划提出土地规划，并遵循土地利用规划的两个目标与约束如下。

1) 基于空间集聚的优化目标

这里所说的空间集聚可以理解为土地利用类型的紧凑度，简单理解为某一种土地利用类型连成片的程度。衡量某一土地利用是否紧凑，即需要分析其紧凑度，必须考虑其周围的土地利用类型即邻域用地类型，统计同一种用地类型连成片的比率。本文用目标函数 $f(u)$ 表示土地利用的紧凑度，如公式（4.1）所示土地利用单元 $Cell_{ij}$ 变化为土地用途 K，b_{ijk} 表示单元 $Cell_{ij}$ 的八邻域内土地利用单元也为用途 K 的数量。

$$f(u) = \sum_{i=1}^{N} \sum_{j=1}^{M} \sum_{k=1}^{K} b_{ijk} * x_{ijk} \tag{4.1}$$

其中，x_{ijk} 表示类型为 K 的单元 x_{ij}，为一个二维向量，如用途为 K，则为 1，否则为 0。

2) 基于最小规划成本的优化目标

规划成本土地从一种利用状态转换为另一种利用状态所需要付出的代价即成本，成本投入越少，表示转换相对容易。本文从当前土地适宜性以及土地类型之间转化分析来建立规划成本目标函数，如下：

$$D(u) = 1 / \sum_{i=1}^{N} \sum_{j=1}^{M} S_n * P_{cf} \tag{4.2}$$

式中，S_n 为当前土地利用类型的适宜度，由公式（4.1）获得，c 为当前土地利用类型，f 为转换类型，P_{cf} 是类型 c 转换成 f 的转换系数（表 4.1），这个值的获取遵循约束规则，c 不能转换成 f 的话，则相应的 $P_{cf}=0$。S_n 值越大表示越倾向于该类转换的发生，越小就越限制其发生。上式表明：土地的利用方式都向着各自最优的方向转变，那么总的转换系数值就越大，规划成本就越小，相应的方案就容易被接收；反之，规划成本越高，相应的规划方案就会被拒绝。

2. 居民 Agent

一个居民 Agent 代表一定比例居民，每个居民 Agent 根据自身经济状况（表 4.1）和能力，通过蚁群算法寻找最大效用值的居住地块，从而改变流域范围的土地利用类型的变化。在 ABM 模型中，居民受内部和外部因素共同影响的决策过程及其相互作用。内部因素主要为人们做出一个决策行为的能力和意愿。能力包含人们年龄、家庭结构、劳动力、社会经济条件，例如居民想购房，得首先看房价是否是自己所能承受的。意愿包含人们的价值观、意向。比如居民对是否参加自然保护活动，都取决于其有价值观。外部因素关联到生态背景和社会经济背景，比如气候、市场、科学技术、政府政策方针，而内部因素则是人们愿不愿意或是能不能做出决策行为。

根据黎夏研究成果，结合动态随机模型和离散选择模型，研究了居民选址行为决策的内在机埋，结果表明某一候选元胞地块 $Land_{ij}$ 对第 t 个居民 Agent 的最大效用值可用下面公式表示：

$$U(t, ij) = w_{prich} v_{pri} + w_{bnvir} v_{bnv} + w_{craffic} v_{cra} + w_{convbnibncb} v_{con} + \varepsilon_{ij} \tag{4.3}$$

式中，$w_{prich} + w_{bnvir} + w_{craffic} + w_{convbnibncb} = 1$，各类居民 Agent 居住位置选址偏好权重如表 4.2。v_{pri}、v_{bnv}、v_{cra}、v_{con} 分别为 $Land_{ij}$ 房价、环境适宜度、交通可达性、公共设施便利

性。其中环境适宜度、交通可达性、公共实施便利性分别用 $Land_{ij}$ 距道路、河流水系、居民点的最短距离来表示。ε_{ij} 为随机搅动项。

表 4.1　居民智能体类型及所占比例

居民智能体类型			
经济能力	低收入	中收入	高收入
所占比例	19%	64%	17%

表 4.2　各类智能体 Agent 位置选择偏向权重

居民智能体类型	权重			
	房价	环境适宜度	交通可达性	公共设施便利性
低收入	0.559	0.030	0.306	0.105
中等收入	0.346	0.233	0.314	0.107
高收入	0.142	0.401	0.396	0.161

居民选择居住用地时，由于候选位置数量比较庞大，利用传统的穷尽方法寻找需要大量的运算时间，本项目采用蚁群算法来解决效率问题。

蚁群优化（ant colony optimization，ACO）是由意大利学者 Marco Dorigo（及其导师 Alberto Colorni）于 1991 年在其博士论文中提出的。后来，Marco Dorigo 和 Vittorio Maniezzo 共同设计了第一个 ACO 算法——蚂蚁系统（ant system）。在自然界中，蚂蚁就是利用群体的智慧来寻找最短路径的食物，蚁群算法就是模仿蚂蚁觅食的行为发展起来的，以解决寻求最优解的问题。在现实生活中，蚂蚁在寻找食物的过程中，通过释放一种激素来表现出复杂的社会行为。这种激素能吸引别的蚂蚁，并且描述出一条通往食物的道路以便后面的蚂蚁寻找食物。越多的蚂蚁经过这条路径，越多的信息素积累下来从而吸引更多的蚂蚁。通往食物的最短路径就是信息素最高的那条，因为越来越多的蚂蚁可以通过最短的时间到达。这种现象由著名的双桥实验首次发现：给出一条短的和长的路径通往食物，持续一段时间过后，蚂蚁会找到那条最短的路径。为了防止陷入局部最优解，信息素还随着时间蒸发，从而阻止别的蚂蚁陷入局部最优解的困境。另外，信息素释放的速度比蒸发的速度要快，这样最短路径上的信息素就能保持高的浓度。

生物学家在双桥实验（用一个双桥来连接一种阿根廷蚂蚁的蚁穴和食源，测试蚂蚁在不同长短的路径上分布的情况）的研究中发现，个体智慧并不高的蚂蚁在没有统一指挥的情况下，却表现出高度智慧化的协作，最后蚂蚁主要集中在短的路径上面。实验证明蚂蚁在其经过的路径上会释放一种信息素（化学物质），蚂蚁能感知信息素的浓度，并且这种信息素可以指导其运动。当路径上经过的蚂蚁数量增加时，该路径上的信息素浓度也随之增大，从而吸引更多的蚂蚁选择信息素浓度强的路径，形成一个正反馈的过程。

田清华（2004）以求解旅行商问题（TSP）为例来说明蚁群算法数学模型：设有 n 个城市的集合 $\{1, 2, \cdots, n\}$，城市间的的旅游花费为 C_{ij}（$1 \leqslant i \leqslant n$，$1 \leqslant j \leqslant n$，$i \neq j$），寻找一条路径，即遍历每个城市一次且最后回到起点的最小花费的那条路径。m 为蚂蚁的数量；d_{ij}（$i, j = 0, 1, 2, \cdots, n-1$）为 i 城市和 j 城市之间的距离，$\tau_{ij}(t)$ 为 t 时刻在 i 城市和 j 城市之间的路径上残留的信息量。$t = 0$ 时，各条路径上的信息素的数量相同。设 $\tau(0)$＝常数，蚂蚁 k（$k = 1, 2, \cdots, m$）在选择路径时按信息素的浓度来决定方向，P_{ij}^{k} 为 t 时刻蚂蚁 k 由 i 城市移动到 j 城市的概率：

$$P_{ij}^k = \begin{cases} \dfrac{\tau_{ij}^{\alpha}(t)\,\eta_{ij}^{\beta}(t)}{\displaystyle\sum_{n \in allowed_k} \tau_{in}^{\alpha}(t)\,\eta_{in}^{\beta}(t)}, & j \in allowed_k \\ 0, & 否则 \end{cases} \tag{4.4}$$

其中，$allowed_k = \{C\text{-}tabu_k\}$ 表示蚂蚁 k 下一步允许移动的城市的集合，就是还没有走过的城市。α 为残留信息素的重要程度；β 为期望值的重要程度；η_{ij} 表示从 i 城市城移动到 j 城市的期望度，由以下算法确定：

$$\eta_{ij}(k) = \frac{1}{d_{ij}} \tag{4.5}$$

式中，d_{ij} 表示相邻两个城市的距离，d_{ij} 越小，则 P_{ij}^k 越大，因为蚂蚁倾向于选择与其距离相对较近的城市。

经过 $k+1$ 个时刻，各条路径上的信息素量要进行如下的调整，为了避免启发信息被淹没：$\tau_{ij}(t+n) = \rho \cdot \tau_{ij}(t) + \Delta\tau_{ij}$，其中 ρ 表示轨迹的持久性；$1-\rho$ 表示路径的衰减程度。

$$\Delta\tau_{ij} = \sum_{k=1}^{m} \Delta\tau_{ij}^k \tag{4.6}$$

$\Delta\tau_{ij}^k$ 表示第 k 只蚂蚁在本次循环中，遗留在路径 ij 上的信息量，$\Delta\tau_{ij}$ 表示蚂蚁 k 本次循环留在路径上的信息量的增量。$\Delta\tau_{ij}$ 采用 Dorigo 提出的 ant-cycle system 模型的计算方法，即

$$\Delta\tau_{ij}^k = \begin{cases} \dfrac{Q}{L_k}, & 若第 k 只蚂蚁在时刻 t 和时刻 t+1 之间经过 i, j \\ 0, & 否则 \end{cases} \tag{4.7}$$

其中，Q 为常数，L_k 表示第 k 只蚂蚁在本次循环中经过的路径距离。在 $t=0$ 时，$\Delta\tau_{ij}=0$（$i, j=0, 1, \cdots, n-1$）。

算法可以通过指定迭代次数或者当迭代所得到的解不再变化作为停止条件。算法具体流程图如下：

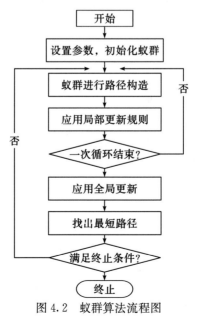

图 4.2　蚁群算法流程图

综上所述，一个基本的蚁群算法一般包括四个部分：定义目标函数、定义启发函数、信息素更新策略、禁忌表调整策略（保证蚂蚁不走重复的路径）。根据居民 Agent 选址的决策规则，对选址应用的蚁群算法进行改进，改进后的蚁群算法按以下顺序构建。

1）定义目标函数

根据居民的决策行为，并综合考虑转换规则，以及转换成本，因此把公式（4.1）、（4.2）定为目标函数。

2）定义启发函数

根据居民决策行为，人们总是倾向选择最大效用值的位置，因此把最大效用值 $U(t, ij)$ 作为选址目标时，可使目标函数趋于最优化。因此，选址启发函数设定如下：

$$u_{ij} = U(t, ij) \tag{4.8}$$

式中，$U(t, ij)$ 是栅格 i 对智能体 t 效用值。用这个值作为启发函数，可以使得居民很快搜索到自己的适宜居住地块。

3）信息素更新

建立信息素更新策略是蚁群算法构建过程中最重要的部分之一，采用了二种信息素更新技术，分别为全局更新和局部更新策略，以避免产生局部最优路径。而信息素更新则包括：智能体经过栅格时释放的信息量和每运行一个 tick 挥发掉的信息量。在全局信息素更新的方法中，流域中的每个栅格信息素都重新设置为初始的信息素水平，根据前人研究经验，本文采用 0.01；而局部信息素更新方法是借鉴何晋强、黎夏等的研究成果采取信息素递减扩散的策略对信息素进行更新。其方法是以栅格为中心，在指定长度为边长的正方形区域内，按信息素增量从中心向四周递减的策略更新信息素，公式如下所示：

$$\Delta \tau_{ij}^{r}(k) = \begin{cases} \dfrac{Q}{d_{concrc}^{p}(i, j) + 1} & \checkmark \\ 0 & \times \end{cases} \tag{4.9}$$

式中，$\Delta \tau_{ij}^{r}(k)$ 是第 k 次迭代栅格 (i, j) 的信息素增量，Q 为信息素强度，$d_{concrc}^{p}(i, j)$ 表示在目标格对应的小区域栅格与中心栅格 p（目标栅格）的欧几里德距离。公式右边的 $\checkmark$ 表示栅格 (i, j) 在目标栅格 P 所在的小区域内；$\times$ 表示不在范围之内。

4）禁忌表

在 TSP 问题中，禁忌表主要用于记录蚂蚁已经走过的城市。根据居民 Agent 选址问题的实际情况，可设计禁忌表存取已经考虑过的用地位置、不可作为目标用途的用地单元等。

5）选择函数的改进

转换的可取性和蚂蚁经过的路径信息素浓度是蚂蚁选择土地变化的两个要素。这两个要素的合理结合使得一只蚂蚁选择从当前的状态 s1 转换为另一种状态 s2。要想实现这两个要素的合理结合，蚁群算法的选择概率必须被很好地定义。由于基本蚁群算法的选择概率的过于复杂、计算效率较低等原因，本文对基本蚁群算法提出的选择概率基本计算公式进行了改进，改进后的算法有两个优点，首先是简化了算法，只用一个参数来描述信息素浓度和转换趋势的相关性，第二个是改进算法中用乘法操作来代替乘幂操作，提高了计算效率。改进算法的这两个特点大大增强了模型的运算效率。在改进的算法中设计第 k 只蚂蚁选择土地用途从类型 i 到类型 j 的概率计算公式如下：

$$P_{ij}^k = \frac{(\alpha \times \tau_{ij}) + (1-\alpha) \times \mu_{ij}}{\sum_{S \in Allowed_s} [\alpha \times \tau_{sj} + (1-\alpha)\mu_{sj}]} \tag{4.10}$$

式中，$Allowed_s$ 表示土地单元可以转换的各种土地利用类型。

4.1.4　智能体行为影响下的 LUCC 状态转换规则构建及其时空表达

通过对 LUCC 中人↔地关系（Agent 与生存环境的关系）和人↔人关系（Agents 的互动关系）的分析，构建智能体行为影响下的 LUCC 状态转换的规则知识库，探求智能体行为（比如决策偏好等）与土地利用变化之间的概率模型，用于计算智能体空间位置和自身角色变化对不同土地利用类型的影响程度。在预定的时间尺度和规则知识库的约束下，通过该模型计算可以得到每一个像元点随时间变化的不同用地类型转换的二维概率矩阵，最后，经过累加每个时段的不同土地利用类型的概率，从而得到每一个像元点经过时空累积后的针对不同土地利用类型状态转换的总概率。将计算得到的总概率与原始土地利用类型进行叠加计算，利用重采样方法获取最终的土地利用与覆被信息。

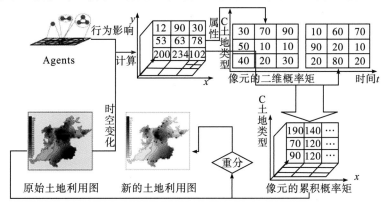

图 4.3　LUCC 状态转换规则构建及其时空表达

4.1.5　模拟平台及建模语言的选择

1. Repast

选择已有的仿真平台不仅仅可以减少与领域问题无关的仿真部分编程的负担，而且使得研究人员能够将主要精力放在 Agent 行为规则的实现上；运用已有的仿真平台能最大限度地缩短项目研发周期。因此，基于多智能体模型的建模与仿真平台业的研发已成为多智能体技术研究的一个热点和方向之一。

自 20 世纪 90 年代，美国圣塔菲研究生为复杂系统建模设计出软件平台——Swarm以来，越来越多的科研机构和大学投身于这类系统平台的研究开发工作。根据 Berryman Matthew 的介绍，除 Swarm 平台以外，目前国外已经有十余个可以用于进行多 Agent 研究的软件平台，具有代表性的有：芝加哥大学和 Argonne 国家实验室的 Repast；美国布鲁金斯研究所的 Ascape；Sandia 国家实验室的 Aspen；麻省理工大学多媒体实验室的 Star Logo；委内瑞拉 Jacinto Daila 等开发的 GALATEA；法国 La Reunion 大学的 EA-MAS；美国西北大学的 NetLogo；英国伯明翰大学的 Sim _ Agent 以及澳大利亚新南威尔士大学的 Ecolab 等。就其发展趋势而言，未来仿真平台的发展模式是基于 Java 语言开发，并以开放源码的形式发放。

研究发现，Repast 平台以强大的功能和良好的扩展性成为模拟平台中的后起之秀，得到国内外研究学者的广泛应用。RePast（Recursive Porous Agent simulation Toolkit）是由芝加哥大学的社会科学计算研究中心开发研制的，设计生成基于主体的计算机模拟软件架构。Repast 平台具有一系列的生成主体，运行主体，显示和收集数据的基础类库，增强了使用的方便性和可扩展性，缩短了用户的学习周期。

RePast 平台的特点：①能够对运行中的模型进行"快照"以生成模型运行过程中的影像数据。②RePast 吸取了 Swarm 模拟工具中优良设计结构和方法，它可以说是一个"类 Swarm"的仿真软件。③REPAST 平台 Cynthia Nikolai 的五项基本特征为：以 Java 作为主要的编程语言，但可以在 Microsoft 的 . net 平台也可以语言扩展；可以直接在 AE 编辑器上进行可视化建模；平台可以运行在 MAC、Windows 系列、UNIX 系列的操作系统之上；对外发布开发的免费的源代码；为用户提供不同程度的技术支持。

目前比较流行的 ABM 建模平台有 SWARM 和 Repast，前者功能强大，使用范围广泛，但应用过程复杂；后者虽然功能稍弱，但使用方便，已被业界广泛使用，而且鉴于本项目组成员一直都在基于 Repast 平台作研究，因此选择 Repast 平台作本项目的 ABM 建模平台较为合理。

2. Java

目前，Repast 平台支持 3 种实施平台：Java 平台下的 Repast J、微软 . Net 框架下的 Repast. Net 以及支持 Python 脚本语言的 Repast Py，因而它支持 Java、Python、DotNet 三种编程接口。此模型选择 Java 平台下的 Repast J 作为开发平台除了 Repast 平台的优越性外还因为 Java 语言和 Java 平台的优越性。

面向对象语言中的对象和智能体之间有很多共同的特点，如封装特性、继承特性和消息传递特性等，这为建立多智能体系统提供了许多方便。Java 是一个完整的平台，有一个庞大的库，其中包含很多可重用的代码和一个提供诸如安全性、跨操作系统的可移植性以及自动垃圾回收等服务的执行环境，同时也为创建 Agent 系统提供了强有力的支持，应该说比其他任何语言都更适合于多 Agent 模型的开发。Java 语言的主要特点包括：

（1）简单性：Java 的语法与 C 语言以及 C＋＋很相似，但是 Java 摒弃了 C＋＋中很少用且很难理解的那些指针特征，从而使得 Java 语言变得更容易，从而使得大多数程序员很容易学习和使用 Java。特别是 Java 语言提供了自动的废料收集，使得程序员不必为内存管理而担忧。

（2）平台无关性：平台无关性是指 Java 写的代码不需要修改就可以运行在不同的软硬件平台上，即一次编译能到处运行。Java 依靠虚拟机机制，实现目标码级平台无关性。Java 虚拟机（Java Virtual Machine）是依附在操作系统之上，并有自己的栈、寄存器组等，实现 Java 二进制代码的解释执行功能，提供不同平台的接口。

（3）面向对象：Java 语言是纯面向对象的语言，程序的结构由一个以上的类和（或）接口组成。将数据和方法封装于类中，充分利用类的封装性、继承性等有关面向对象的优点，使程序具有易扩展、简洁性、易维护、可移植性等特性。

（4）分布式：Java 支持环球信息网（World Wide Web，www）中客户机/服务器的计算模式，因此也支持数据分布与操作的分布。Java 提供了一整套网络类库，开发人员可以利用这些类库进行分布式程序设计，方便地实现分布式仿真计算。

（5）可靠性和安全性：Java 语言的可靠性和安全性主要表现在下列几个方面：①所有的表达式和参数都要在 Java 编译器里进行类型相容性的检查，以保证类型是兼容的。任何类型的不匹配都将被报告为错误而不是警告。在编译器完成编译以前，错误必须被改正过来。②Java 不支持指针，这杜绝了内存的非法访问和悬挂指针等错误。③Java 解释器运行过程中进行实时检查，杜绝数组与字符串访问的越界的问题；Java 提供了异常处理机制，以便从错误处理任务恢复。

4.1.6　数据处理

1. 数据来源

本研究采用覆盖洱海流域范围内的两个时期的 Landsat ETM＋影像为数据源。这两期的影像数据获取日期分别为 2000 年 3 月 21 日 TM 数据、2010 年 3 月 1 日 ETM＋数据，轨道号为 Path＝131，Row＝42，各影像均为无云，质量较高，来源于国际科学数据服务平台；DEM 数据是采用国家 1：5 万 25 米分辨数据，从云南省环科院获得；道路、水系、居民地等数据是采用云南省 1：25 万矢量地图，来源于云南省测绘地理信息局；人口、GDP 等人文资料从云南省统计年鉴获得。

2. 土地利用变化分析

在土地分类结果的基础上，对洱海流域的土地利用变化进行分析。首先进行求取各土地利用类型的面积表，并求出每类土地利用动态度指数。每类土地利用类型动态度可用来表示研究区某一特定时间范围内该类土地利用类型的数量变化情况。其公式为：

$$K = \frac{U_b - U_a}{U_a} \times \frac{1}{T} \times 100\% \tag{4.11}$$

式中，U_a，U_b 分别为研究期初和研究期末该类土地利用类型的面积。本文中 U_a，U_b 分别采用的是研究期初和研究期末该类土地利用类型的栅格单元数。T 为研究时段长，当 T 为年时，K 为研究时段内某一土地利用类型的年变化率。从下表中可以看出，研究区土地利用类型主要以林地、其他用地、耕地为主。

表 4.3　2000 年和 2010 年研究区土地利用面积汇总表

土地利用类型	土地利用分类面积/km²		
	2000 年	2010 年	面积变化
林地	942.97	968.35	25.38
草地	248.75	269.69	20.94
耕地	637.73	551.15	−86.58
园地	37.81	23.63	−14.18
湿地	27.66	39.58	11.92
建设用地	152.38	241.91	89.53
水体	251.77	256.53	4.76
裸地	295.06	243.29	−51.77
合计	2594.13	2594.13	

　　针对不同的土地利用类型，通过矩阵表可以计算出其流向百分比，便于分析出促使该类型土地变化的主要类型和次要类型，以此作为突破口，分析解释类型变化的驱动因子，可为建立 ABM-LUCC 模型模拟和预测土地利用类型变化的趋势做准备。

表 4.4　研究区 2000～2010 年土地利用转移比重矩阵　　　　　　　　　　　单位：%

	林地	草地	耕地	园地	湿地	建设用地	水体	裸地	合计
林地	81.78	7.03	4.53	0.03	0.10	0.97	0.01	5.57	100
草地	12.03	31.80	35.21	0.15	0.27	3.50	0.03	17.01	100
耕地	9.52	7.39	56.80	4.61	0.74	6.82	0.06	14.07	100
园地	5.80	0.46	50.10	39.78	0.31	2.72	0.01	0.82	100
湿地	18.53	18.73	20.20	1.04	24.34	9.20	3.41	4.56	100
建设用地	14.39	12.11	21.44	0.76	2.35	36.78	0.19	11.96	100
水体	0.11	0.02	0.04	0.00	2.51	0.06	97.23	0.02	100
裸地	9.19	7.11	46.90	0.03	0.04	1.06	0.00	35.67	100

　　通过对各类土地转换分析可以看出，耕地主要流向建筑用地、林地和草地，另一方面也反映出工业化、城市化发展对耕地的占用，流入土地类型主要是林地、建筑用地（存在遥感分类误判的情况）；水体的变化比较小；裸地主要流向建筑用地与林地。流入建筑用地的，主要是裸地、耕地、林地。林地流向最多的是草地、耕地，流向的土地类型主要为建筑、裸地。对林地来说，它转化为建筑的比重小于建筑转为它的比重，该地区的林地有了较大的发展。这也反映出政策的保护对土地利用类型的变化有很大的作用。

3. 影响因子分析

　　通过对以上土地利用动态度指数和土地利用转移比重矩阵的分析，综合考虑洱海流域的自然人文等多种因素，最终在模拟洱海流域土地利用变化时空过程模型中，考虑了距离因子（距居民点距离、距道路距离、距水系距离）、邻域单元数因子、社会属性（GDP、人口）、自然因子（坡度、高程、坡向）、邻域影响因子（8 种土地利用类型）等17 个影响因子。数据处理过程中，首先利用获得的 DEM 数据，通过河网提取洱海流域范围和流域子流域图，并对流域范围进行坡度、坡向分析；根据洱海流域对矢量数据和遥感数据进行坐标转换、配准、裁剪；根据裁剪得到的洱海流域遥感影响数据进行土地类型分类（林地、草地、耕地、园地、湿地、建筑用地、水体、裸地）；最后利用 Arc-GIS 强大的空间分析工具获得距水体、道路、居民点的最短距离，通过邻域分析功能得到邻域各种土地类型单元数量；根据云南省统计年鉴获得流域范围的国民生产总值（GDP）、人口分布数据；然后把所有的矢量数据栅格化。最后把所有的影响因子进行空间标准化［（单元当前值－最小值）／（最大值－最小值）］，把这些标准后的空间变量转换成 ASCII 数据。

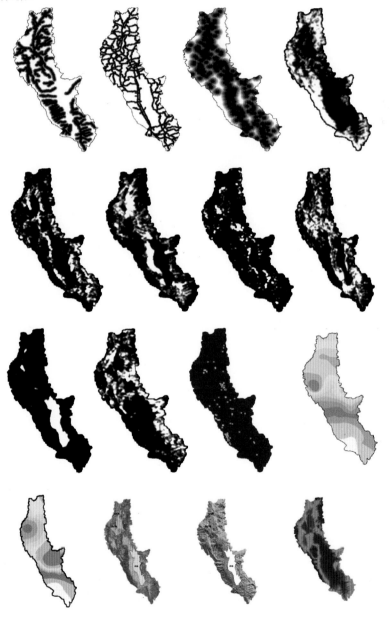

图 4.4　影响因子

　　本论文模型是以栅格数据为基础的,为能与此模型相结合,所有数据要转换成栅格数据,并且每一个模拟单元表示 200m * 200m 大小的分辨率,同时为了体现这些环境要素数据对模型中土地利用类型转换概率的影响,需把所有数据进行归一化处理((当前栅格值－最小值)/(最大值－最小值)),即把其转换为 0～1 的数据。这些空间变量的具体情况及获取方法如表 4.5 所示。

表 4.5　ABM/LUCC 模型所采用的空间变量

空间变量	获取方法	原始数据值范围	标准化值范围
1. 距离变量			
距居民点距离 (X_1)		0～9.993177 km	0～1
距道路距离 (X_2)	ArcGIS 空间分析模块 中的 Distance 模块	0～6.72012 km	0～1
距水系距离 (X_3)		0～7.42428 km	0～1
2. 邻近现有土地利用数量			
邻近耕地的单元数量 (X_4)		0～49 单元	0～1
邻近水体的单元数量 (X_5)		0～49 单元	0～1
邻近裸地的单元数量 (X_6)		0～41 单元	0～1
邻近建筑的单元数量 (X_7)	Focal functions of ARC/INFO GRID (7 ×7 窗口)	0～48 单元	0～1
邻近林地的单元数量 (X_8)		0～49 单元	0～1
邻近草地的单元数量 (X_9)		0～39 单元	0～1
邻近湿地的单元数量 (X_{10})		0～34 单元	0～1
邻近园地的单元数量 (X_{11})		0～49 单元	0～1
3. 自然属性			
坡度 (X_{12})	Slope	0～72.325965°	0～1
高程 (X_{13})	Elevtion	1866～4055m	0～1
坡向 (X_{14})	Aspect	0～360	0～1
土壤 (X_{15})	Soil	0～1	0～1
4. 社会属性			
房价 (X_{16})		3676.1465～5374.17236 元/m²	0～1
GDP (X_{17})	云南省统计年鉴	22403.25977～257368.4714 万元	0～1
人口分布 (X_{18})		21016.05664～137813.554 人	0～1

　　运用 ArcGIS 中的 Raster to ASCII 工具,将上述影响因子的栅格形式转化为二进制形式。该工具数据转化支持 asc/. txt/. dat 格式,由于二进制形式容易被计算机读取且读取速度快,这里我们采用 . txt 格式,因而在模型数据读取中采用这种数据方式。图 4.5 为转化后的格式。

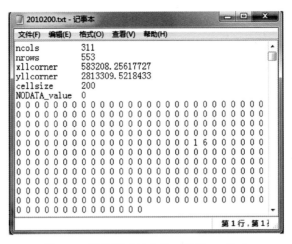

图 4.5　栅格形式转化为二进制 txt 格式

表 4.6 是对图 4.5 中的头文件进行解释说明。

表 4.6　头文件说明表

行数	英文描述	值	描述
1	ncols	311	数据总列数
2	nrows	553	数据总行数
3	xllcorner	583208.25617727	栅格图层左下角第一个起始单元格的坐标
4	yllcorner	2813309.5218433	通常是单元格的中心点坐标
5	cellsize	200	单元格大小
6	NODATA _ value	0	无值区域通常赋予 0

数值部分，每个值代表其所对应的单元格的值，各单元格的值之间用空格隔开，无值栅格的值也要用空格隔开，单元格间的空格数不受影响。

4.1.7　模型构建及结果分析

1.　模型构建

首先，本研究通过对 Repast J 进行汉化，使其能够显示汉字。其次运用 Java 语言基于 Repast 进行二次开发，将上述智能体的行为规则等代码化，将上述二进制的数据导入到模型的相对路径下使其能参与模型的运算；经过反复运行模型，对比其精度，最终把每个 tick 计算为一秒，从而使得可以方便地看出运行到哪一年。其中智能体分两类：政府智能体、居民智能体；政府智能体由于其抽象的特征，并没有显示在运行界面中，而是把其当作一个宏观调控的角色；模型初始时，把居民智能体随机地分布在智能体模型的环境层中，根据上述居民 Agent 移动规则在环境中移动，并作出相应的行为决策。由于每秒钟，用肉眼看不出土地类型的变化，因此在本研究中，把土地利用类型数量同时也用统计图显示出来，其中有 8 条显示线来表达 8 类土地利用类型的数量变化，以达到直观明了的效果。运行界面如图 4.6 所示。

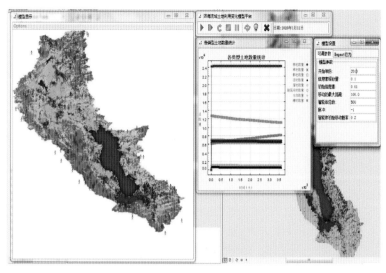

图 4.6　模型运行界面

2. 模拟与预测结果分析

　　ABM-LUCC 模型以 2000 年的流域土地利用分类图作为模型的初始数据，预测模拟了洱海流域 2010 年的土地利用类型与结构；再以 2010 年遥感影像数据提取的土地利用分类图作为验证数据，对模型参数进行修改。在模型参数率定后，利用 2010 年的实际数据模拟了 2020 年的土地利用分类数据。模拟结果如图 4.7 所示。

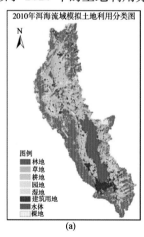
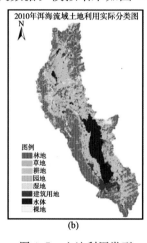
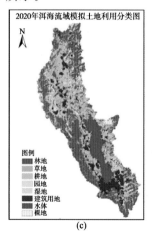

图 4.7　土地利用类型

　　对比 2010 年洱海流域模拟土地利用分类图（图 4.7a）和 2010 年洱海流域土地利用实际分类图（图 4.7b）可以明显地发现模拟的土地利用类型和实际的土地利用类型相似度很高，没有出现大斑块土地利用类型不一致的情况，只有局部小斑块土地利用类型不一致，这是在模拟精度要求范围内允许出现的情况，直观地反应了 ABM/LUCC 模型模拟的准确性和科学性。对比 2020 年洱海流域模拟土地利用分类图（图 4.7c）和 2010 年洱海流域土地利用实际分类图中的建筑用地明显增加，耕地和裸地相对减少，由于人类活动的扩张，对农用地和裸地的占用开发日益严重，建筑用地势必增加，耕地和裸地相对减少，这和实际情况相符，再次证明了模型模拟的可行性。

虽然图形直观反映土地利用的变化但是不能定量地反应各种用地类型的变化情况，再加上有的用地类型变化不明显很难在图上反映出来，因此给出了表 4.7 模型与实际的土地利用类型面积对比分析和图 4.8 模拟土地利用面积与实际数据对比图。表 4.7 定量地反映了每种土地利用类型的变化数和变化率；图 4.8 则直观地反映了每种土地利用类型的变化趋势。从中可以看出 2000 年到 2010 年，再到 2020 年洱海流域林地、草地、湿地和水体的用地面积变化不大；而建筑用地持续增加，但是 2000~2010 年的增长趋势明显大于 2010~2020 年的增长趋势，耕地和园地持续减少，裸地从 2000~2010 年减少而从 2010~2020 年反而有所增加。

表 4.7　模型与实际的土地利用类型面积对比分析

土地利用类型	2000 年实际面积	2010 年模拟面积	2010 年实际面积	2020 年模拟面积	变化率/%			变化值/公顷		
					2010 年模拟对比 2000 年实际	2010 年实际对比 2000 年实际	2020 年模拟对比 2010 年实际	2010 年模拟对比 2000 年实际	2010 年实际对比 2000 年实际	2020 年模拟对比 2010 年实际
林地	942.97	951.20	968.35	969.56	0.87	2.69	0.12	8.23	25.39	1.21
草地	248.75	245.48	269.69	264.64	−1.31	8.42	−1.87	−3.27	20.93	−5.05
耕地	637.73	572.52	551.15	444.88	−10.23	−13.58	−19.28	−65.21	−86.58	−106.27
园地	37.81	30.76	23.63	19.56	−18.65	−37.51	−17.22	−7.05	−14.18	−4.07
湿地	27.66	26.68	39.58	40.04	−3.54	43.10	1.16	−0.98	11.92	0.46
建筑用地	152.38	231.44	241.92	327.24	51.88	58.76	35.27	79.06	89.53	85.32
水体	251.77	252.32	256.53	254.96	0.22	1.89	−0.61	0.55	4.76	−1.57
裸地	295.06	282.72	243.29	273.32	−4.18	−17.55	12.34	−12.34	−51.77	30.03

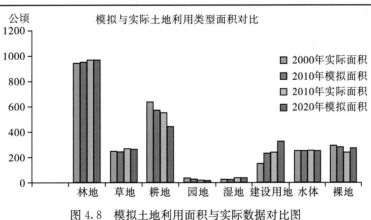

图 4.8　模拟土地利用面积与实际数据对比图

图 4.9 和 4.10 是模拟预测的洱海流域土地利用变化的时空变化过程（以年为时间步长）。

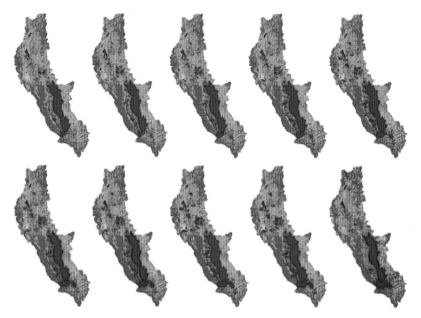

图 4.9　2000～2010 年土地利用变化模拟过程

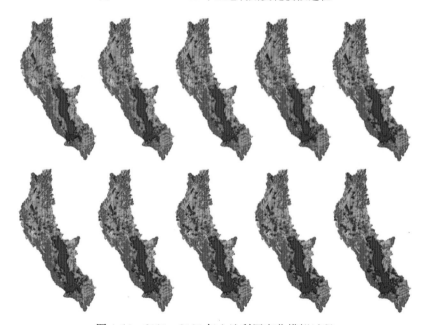

图 4.10　2010～2020 年土地利用变化模拟过程

　　如图 4.9 所示，洱海流域 2000 年到 2010 年间各种土地利用类型均有不同程度的变化。林地、草地和水体的变化面积很小；耕地、园地、湿地、裸地面积有所减少；建筑用地面积明显增加。耕地、园地等土地的减少可以理解为为了满足未来人口的增加，建筑用地在扩张时占用了部分耕地、湿地、园地等；建筑用地主要发展的区域是洱海西南部地区，可以理解为，流域土地利用变化集中在作为流域经济、交通、政治中心的大理市辖区。符合了建模时考虑的人文因素的影响，即经济发展状况和人口的分布，对土地利用的变化有较大的推动作用。

如图 4.10 所示，洱海流域 2010 年到 2020 年间的各类土地利用变化走势和 2000 年到 2010 年的趋势大体相同，只有部分土地变化趋势有所变化。2010 年到 2020 年间林地有所增加，这和政府的退耕还林等调控政策有关，耕地、湿地等还是持续减少，建筑用地持续增加，且发展的主要位置为靠近洱海西岸地区。

4.2　流域土地利用变化的智能体模型验证

4.2.1　模型检验概述

模型检验包括模型校正和模型验证两个过程。

首先，模型校正是通过对数学公式和计算机程序的检查，以确定模型没有运算方面的技术问题的过程，即证明计算机程序没有"bugs"，也就是程序缺陷，程序中存在的任何一种破坏正常运转能力的问题或者缺陷，其最终目的是保证概念模型的数量化的直接性和确切性。显然，模型校正与模型的合理性、真实性、准确性并没有任何直接关联。

其次，模型验证是确定模型在其特定的应用范围领域内的模拟结果与相对应的真实世界的吻合程度的过程。

模型建立的重要组成部分之一是模型检验，模型检验包括模型校正和模型验证两部分。通常先进行模型校正，然后进行模型验证，在模型检验过程中，模型数据分为校正数据和验证数据两个独立的部分。

模型校正即程序正确性验证，用于检验程序是否按照概念模型正确实现，确保程序代码实现的正确性，也就是确保出现的错误最少。为了降低代码错误和增加发现错误的概率，结合软件工程中的很多编写代码的方法和技术，Nigel Gilbert 介绍了几种提高智能体模型的程序正确性的方法：规范的编码、输出语句来辅助诊断、单步执行，观察模拟结果、利用断言机制、注释、边界测试等。在编程实现智能体模型时，如果能有效采取以上所列各种措施，就能把代码的错误尽可能地降到较低水平。

适合 LUCC 模型验证的方法很多，最常用的有统计法。例如，对线性回归模型，常用统计量有决定系数（R2）；非线性回归模型（如 logistic 模型），验证方法有 *Kappa* 系数、类决定系数（pesudo-R2）和 ROC 曲线等；其它模型验证方法有景观指数法和模糊集法等。虽然 LUCC 模型验证的方法很多，但至今仍没有一个评价模型结果及参考数据相吻合统一标准和规范。本文采用点对点精度验证和形状指数验证方法。

4.2.2　模型检验

模型设计和实现后，需要经过验证后才能证明所建立的智能体模型是正确的，对模型结果的分析才是有用的。从本质上来说，ABM-LUCC 模型是一种计算机程序。通常在计算机程序中，不同角色用不同代码块或算法来表达。通常，智能体模型的验证可分为程序正确性验证（Verification）和模型结果有效性验证（Validation）两方面。

1. 程序正确性验证

在编程实现智能体模型时，使用规范的编码格式、减少编码的错误率；并且进行了单步执行，确保模型各个模块的运行顺序正确；观察模拟结果、通过模拟结果的对比分析，率定模型的参数；使用注释，增强了代码的可读性和模型的修改效率。

2. 模型结果有效性验证

模拟结果有效性检验方法中有逐点对比法和整体对比法两种统计方法。逐点对比法是将模拟的结果和实际情况迭合起来进行统计，然后逐点对比计算其精度；整体对比法所关注的是模拟出来的整体空间格局分布情况。将 2000 年洱海流域用地类型模拟结果与实际情况（遥感分类）运用逐点对比的方法，得到精度最大值为 78.01%。但点对点精度高不一定反映出模拟结果是最佳的，在流域尺度且周期不是很长的范围内土地利用类型不会发生大面积改变。只能说明数量上相同的多，但在同样的数量下，可以有多种空间的布局。为了能评价模拟结果的空间分布与实际结果的空间分布是否一致。选用反映模拟数据与历史真实检验数据之间空间分布的相似性的 L-S（Lee-Sallee）指数。L-S 形状指数指的是数据单元的空间交集和并集面积之比，它可以反映两个数据层面数据空间的相似性，其公式为：

$$L\text{-}S = \frac{A_0 \bigcap A_1}{A_0 \bigcup A_1}$$

A_0、A_1 分别表示模拟数据、真实数据，L-S 的取值范围在 0～1。但在实际计算过程其值一般只能达到 0.3～0.7。L-S 指数的计算在 Matlab 中编程实现，简单且容易操作。在点对点精度达到目标的情况下，采用模拟数据与检验数据之间空间分布的相似性 L-S（Lee-Sallee）指数来反映空间布局的一致性（L-S 指数如下表）。

表 4.8　L-S 指数

林地	草地	耕地	园地	湿地	建筑用地	水体	裸地	总指数
0.6823	0.3567	0.3082	0.3616	0.1702	0.3019	0.9170	0.3616	0.5024

以上总形状指数达到 0.5024，具有很好的空间相似性。除了湿地以外，其余土地类型的形状指数都大于 0.3，达到形状指数所要体现的空间布局的标准。近年来，大理州政府加强对洱海流域人工湿地的建设，因此模拟值和实际值存在一定差距，但总体的趋势是一致的。

4.3　流域土地利用变化的智能体模型与 GIS 的集成原理与方法

智能体模型是对元胞自动机、计算机仿真理论的一种拓展，它将每一个 Agent 放在一个开放的环境中去学习、适应和生存，在很大程度上符合人类活动的现实，是个体、空间和时间相结合的最佳切入点。结合 GIS 技术，将现实世界中的研究对象作为智能体，即从现实世界中去获取属性数据，通过规则库的建立，经由模拟平台在时间上的动态模拟，来实现对现实世界的最大程度上的还原，最后在通过决策支持和应急响应系统的完善，完成对研究对象的表达和描述。智能体模拟是对空间分析方法的一种完善和突破，它在很大程度上解决了传统 GIS 在时间表达上的缺陷，是一种真正的时空模型。基于智能体模型的土地利用和土地覆盖变化（ABM/LUCC）的研究越来越多。许多研究人员选择采用这种模型研究人类生物物理相互作用下的土地利用变化。智能体模型从微观层面模拟决策者、物理环境中的实体和它们之间的相互作用。

1. ABM 与 GIS 集成的必要性

智能体模型在空间表达方面多为非地理空间，使得智能体模型的分析结果很难直接同现实社会对应起来，这影响了智能体模型的实用性；另外，智能体模型中的空间主要用于直观显示智能体间的交互过程，不能使用空间分析工具对其进行分析和提取信息。

空间分析是 GIS 技术区别于其他研究方法的本质所在。但空间分析模型在时间尺度上的表达有着先天的缺陷，这一问题的解决是地理信息科学专家们一直努力的方向之一。首先，GIS 对时间的表达发展缓慢，对于矢量来说，只能通过构建一个时间字段来区分，有时空间数据可能在某段时间没有发生变化，但如引入时间属性就有两条记录，这就造成了数据容余。而对于栅格数据，只能通过文件管理的方式进行，特定时间的栅格数据单独形成一个文件，这使得表示时间的栅格数据数量繁多，占据磁盘较多空间，造成磁盘空间的浪费；其次，GIS 缺乏动态模拟的功能，当前 GIS 空间分析模型都是在已有数据的基础上进行分析，提取出所需的地理信息，而不能对研究的现象进行模拟和预测；再次，GIS 缺乏对人的作用的表达，GIS 更多的是面向"地"，而不是"人"。

智能体模型与 GIS 的集成目标即是 GIS 作为智能体模型的动态显示环境和空间分析环境，而智能体模型作为 GIS 的时空动态模拟模块。集成模型可以增强地理信息可视化的能力和空间分析能力，使 GIS 扩充了其对时间的表达能力，使其能对地理现象进行动态模拟，把人的活动的影响引入 GIS 当中，能更好地研究"人－地"关系。

2. ABM 与 GIS 集成思路

对地理信息系统来说，最基本的组成是图层，每个图层代表特定类型或特定主题的数据。从数据结构来看，地理信息系统的数据即空间数据可以分为矢量数据和栅格数据。栅格结构是以规则的阵列来表示空间地物或现象分布的数据组织，组织中的每个数据表示地物或现象的非几何属性特征。矢量结构通过记录坐标的方式尽可能精确地表示点、线、多边形等地理实体，坐标空间是连续的，允许任意位置、长度和面积的精确定义。从数据类型来看，Kang-Tsung Chang 认为空间数据还可以分为图形数据、属性数据和时间数据。地理信息系统的优势在于它的空间显示和空间分析功能。

对智能体模型来说，其基本组成部分包括智能体、环境和行为规则。其最大的特点就是通过智能体之间的交互行为，来模拟某种现象的时空动态变化过程。为了达到这一目的，智能体模型需要一个虚拟的世界来直观、动态地反映智能体的交互行为。ABM 在模拟过程中，是采用对智能体属性或状态进行统计的方法来反映该时刻区域的数量指标的。这些表示方法包括变化曲线、柱状图以及文本输出等方式。Michael 和 Charles 认为自然环境作为模型的基本组成，智能体模型的模拟平台中，需要具有参数设置和模型运行控制的功能。智能体模型的缺点在于仅能够反映数量指标，缺乏空间分析和空间可视化能力。

将智能体模型与 GIS 集成的目标就是要实现智能体模型的虚拟世界在 GIS 平台上显

示，把智能体模型中的智能体、环境与现实的地理空间关联起来，扩充 GIS 的时空动态模拟地理现象的能力和增强智能体模型的空间分析能力，使得研究人员不仅能够模拟和预测某种地理现象的数量变化，还能模拟和预测地理现象空间分布格局的变化。为了达到这一目标。就需要把智能体模型的基本组成成分和 GIS 的基本组成成分联系起来，也就是要把智能体、环境与 GIS 中的图层（点、线、面）相对应。

3. ABM 与 GIS 集成方法

集成方法根据分类标准的不同有不同的分类。同一般模型与 GIS 集成方式一样，按照耦合程度，ABM 与 GIS 的集成可以分为松散集成、紧密集成和完全集成三类。其中完全集成也叫嵌入式集成，其根据两个系统的重要性又可以分为以 GIS 为核心的完全集成和以 ABM 为核心的集成。按照集成中采用的 GIS 数据结构的不同，ABM 与 GIS 的集成方式可分为基于栅格数据的集成、基于矢量数据的集成和基于矢量栅格数据一体化的集成（以下简称基于矢栅数据综合的集成）三种。集成方法分类如图 4.11 所示。

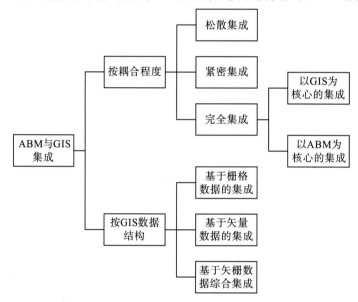

图 4.11　ABM 与 GIS 集成方法分类

4.3.1　智能体模型与 GIS 的松散集成

松散集成是基于现有的技术，将独立的地理信息系统、智能体模型联合应用来求解问题的一种途径。实际上只是一种概念集成，技术上无需做任何的工作，只要两端提供数据格式相互匹配即可。模型读取 GIS 提供的数据文件，分析结果和情景展示由 GIS 进行表达。二者均拥有自己的用户界面，并以共同识别的数据文件进行数据交换，没有统一的界面和统一的数据结构，在进行模拟时无法进行人机交互；使用不方便，效率低，且容易出错。

ABM 与 GIS 的松散集成可以用图 4.12 表示。

图 4.12　ABM 与 GIS 松散集成

可以看出实现智能体模型与 GIS 松散集成的关键是数据，需要使用两种系统都能识别的数据类型作为中介。根据中介的不同，可以把松散集成分为基于文件的松散集成和基于数据库的松散集成。

目前，国内外在地理空间相关的模拟中，大部分都采用智能体模型仿真工具对 GIS 数据的支持来完成。与其他智能体建模工具相比，Repast 支持较多的数据格式，在 Repast 工具中，ABM 与 GIS 的松散集成有以下两种方式。

1. 基于栅格数据的松散集成

这是目前较为常用的一种方式。Repast 支持读取 ASCII 格式的栅格图像文件，所以在具体应用过程中，研究人员需要利用 GIS 软件把智能体模型所需的地理环境图层转换为 ASCII 格式，然后由 Repast 读取该栅格数据进行模拟，模拟过程中不断修改 ASCII 文件的数据，模拟结束后再使用 GIS 软件进行分析。这种方式需要频繁的文件操作，工作效率低，且容易出错。

2. 基于 Shapefile 文件的松散集成

美国 ESRI 公司与美国 Argone 实验室合作开发了 AgentAnalyst[①]（以下简称 AA）工具，该工具是 Repast 和 ArcMap 或 ArcGlobe 集成的中间件。Repast 调用开源的 GIS 开发包 Geotools 支持对 Shapefile 数据的读写。这种集成方式与前一种相比具有了一定的优势，智能体模型运行时，ArcMap/ArcGlobe 会与模型同步刷新数据，形成地理数据动态变化的效果。模型每运行一时间步长写一次文件，再调用 Agent Analyst 提供的工具 Refresh.exe 告知 ArcMap/ArcGlobe 刷新数据。然而，实现动态显示需要 ArcMap/ArcGlobe 事先打开模型调用的 GIS 数据。AA 的工作原理如图 4.13 所示。

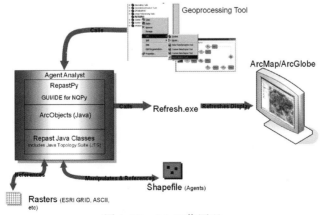

图 4.13　AA 工作原理

① http：//www. institute. redlands. edu/agentanalyst/

4.3.2　智能体模型与 GIS 的紧密集成

紧密集成具有统一界面和数据逻辑模型以及内存消耗于一体，提供透明的文件或转换机制，实现双向信息共享，用户可通过 GIS 内置的编程语言访问模型或者通过智能体模型编程语言来访问 GIS。如张攀攀（2010）的表述一样，这种集成方式降低了 GIS 和智能体模型间文件交换的繁琐和出错率。紧密集成可用图 4.14 表示。

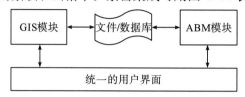

图 4.14　ABM 与 GIS 紧密集成

在具体实现时，同样是要开发两个独立的应用程序（GIS 应用程序和 ABM 程序）。不过需要确定其中一个应用程序作为主应用程序，也就是说使用该应用程序作为统一界面。在主应用程序的界面中，可以通过按钮或菜单项调用另一程序。调用程序的同时，两个应用程序根据需要自动打开同一数据文件。这就避免了手动对数据的操作，降低了出错率。

4.3.3　智能体模型与 GIS 的完全集成

完全集成将智能体模型与 GIS 作为统一的地学处理软件的一部分，不但文件共享和界面统一，而且可以支持无缝、友好的环境进行地理动态模拟模型的建立、执行和操作，用户可即时可视化正在运行中的模拟，但它要求软件开发和模型应用领域两方面知识的协调统一，花费的经费和时间较好。完全集成根据 ABM 与 GIS 二者的重要性不同又可分为以 GIS 为核心的完全集成和以 ABM 为核心的完全集成。

ABM 与 GIS 的完全集成原理如图 4.15 所示。

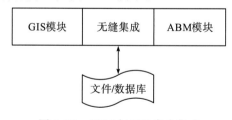

图 4.15　ABM 与 GIS 完全集成

完全集成的实现需要解决以下几个问题：

（1）数据读写共享。集成平台应该具有统一的数据读写模块。而不是类似前两种集成方法，是多次读取数据。智能体模型和 GIS 模块直接对读取的数据进行操作和显示。否则，只是把两模块凑在一块，名义上是完全集成，实际上只是紧密集成而已。

（2）GIS 数据和智能体、环境的关联。智能体模型与 GIS 集成的基本原理就是把 GIS 数据和智能体、环境关联起来。所以这一问题也是完全集成需要解决的重中之重。

（3）模型功能的通用性问题。智能体模型是多变的。针对不同的应用需求所建立的智能体模型是不相同的。不同的智能体模型具有不同的参数设置、不同的数据需求以及不同的统计功能。如果实现的完全集成平台是专用的，当有新的建模需求时，就需要重复开发一个软件。

（4）模型模拟过程录像功能。智能体模型的一个重要特点就是可以从模拟过程中找到出现某全局现象的原因，或者是研究某种参数设置下，智能体交互行为的变化。所以，录像功能是智能体模型模拟的一个必备功能。在现有的智能体建模平台中，都具有模拟过程录像的功能。然而，当模型与 GIS 集成时，原来的功能很难对 GIS 显示进行录像。这就需要在开发中解决这一问题。

Repast J、Repast S 为了描述地理空间，调用了开源 GIS 工具包 Geotools 和 Open-Map，实现智能体模型与 GIS 的完全集成。国内外专家，例如 Perez L，Dragicevic S 和 Crooks A T，采用这种方式来研究复杂的地理现象。然而，由于开源 GIS 工具包功能的有限性，使得这种方式下的集成只具有空间显示、缩放等简单的 GIS 功能，不具有空间分析功能[①]。

4.3.4　基于栅格数据的 ABM 与 GIS 集成

栅格类型的 GIS 数据只能作为智能体模型中的环境，而很难表示智能体。所以基于栅格数据的集成也就是使用栅格数据表示智能体模型中的环境要素，智能体和规则的表示同普通智能体模型中的表示一致。这就决定了基于栅格数据的集成只能是松散集成。

比较常用的方式是采用 ASCII 文件作为 ABM 和 GIS 系统连接的纽带。基于栅格数据的集成虽然需要频繁地进行数据转换操作，但是实现过程简单，不需要对 GIS 和 ABM 作任何扩展。根据黎夏（2007）、季民河（2009）、吴静（2008）等的文献，认为这种方式是目前较为流行的 ABM 与 GIS 集成方式。

4.3.5　基于矢量数据的 ABM 与 GIS 集成

与基于栅格数据的集成不同，基于矢量数据的集成可以很好地表示智能体，实现方式灵活，可以是松散集成、紧密集成或完全集成。基于矢量数据的集成是指智能体模型中的智能体和环境要素都采用矢量类型的 GIS 数据进行表示的一种集成方法。智能体模型负责模型的模拟控制，GIS 负责模型运行过程中的智能体与环境的动态显示。

4.3.6　基于矢栅数据综合的 ABM 与 GIS 集成

基于矢栅数据综合的集成是指在 ABM 和 GIS 的集成环境中，同时支持对矢量数据和栅格数据的支持。通过前面部分的讨论，基于栅格数据的集成主要存在于松散集成当中，而基于矢量数据的集成则可以按不同的耦合程度集成。所以基于矢量栅格数据综合的集成，只有通过 ABM 与 GIS 的完全集成实现。在完全集成中，由 GIS 提供对各种地理空间数据的读写，而 ABM 可以直接使用 GIS 读取的数据进行模拟，这就实现了基于矢量栅格数据综合的集成方法。目前，尚无基于矢量栅格数据综合的集成实例。

---

① http://repast.sourceforge.net/

本书基于 GIS 中嵌入模型集成方式采用组件式技术对 LUCC 智能体模型与 GIS 的集成进行了探索。此节主要讨论两者的集成问题，故只涉及与集成相关的理论和技术问题。从本质上来说，智能体模型就是一种计算机程序。在该程序中，不同角色用不同代码块或算法来表达。运行该程序，可以观察到程序运行结果随着模拟时间的变化发生变化。这里的角色同智能体模型中的智能体是一致的。比如我们常见的计算机游戏中的角色。智能体模型与数学模型和统计模型相比，有其自身的特点。那就是智能体模型要能够在计算机中运行起来，就要求智能体模型必须具有完整性、一致性和确定性。也就是说，同大多数数学模型不同，智能体模型中的智能体具有异质性，每个智能体具有特定的属性和功能，能够直接处理其与其他智能体之间的交互行为。

4.3.7　实例应用

1. 编程语言的选择

智能体模型中的智能体具有属性和行为规则，这与面向对象编程中的对象的概念十分类似。对象具有属性和方法。所以，几乎所有的智能体模型都是用面向对象编程语言实现的，如 Java、C++、.Net，甚至 Visual Basic 等。从这一点来看，智能体模型与 GIS 的集成应该使用面向对象编程语言实现。

选择现有的智能体模型和 GIS 开发包，可以节省大量的人力和物力。因此，对于开发语言的选择来说，除了要求面向对象功能完备，还与现有的开发包支持的开发语言有关，只能选择现有开发包支持的开发语言。智能体模型开发工具的支持的设计语言主要有 Java、.Net、Python 等。如 Repast 提供了 Repast for Java、Repast for Python、Repast for .Net 版本。GIS 的开发包支持的语言主要有 Java、.Net、C++、VB 等。要实现 GIS 和 ABM 的完全集成，只能选择同一种开发语言进行开发。所以可以采用 Java、.Net 编程语言。

Java 语言与 .Net 语言相比具有平台无关性，所以本书采用 Java 语言进行开发。

2. 智能体建模环境的选择

目前，国外已有多种基于 Agent 的建模与仿真平台，具有代表性的有圣塔菲研究所的 Swarm；麻省理工大学媒体实验室的 Star Logo；Sandia 国家实验室的 Aspen；芝加哥大学和 Argonne 国家实验室的 Repast；芝加哥大学社会与经济动态性研究中心的 Ascape；法国 La Reunion 大学的 EAMAS；委内瑞拉 Jacinto Daila 等开发的 GALATEA 以及英国伯明翰大学的 Sim _ Agent 等。其中，Swarm 是最早的基于 Agent 的建模与仿真通用平台，而 Repast 和 Ascape 与 Swarm 具有类似的结构和操作方法。StarLogo 最初用来探索以个人计算机进行大规模并行计算以帮助学生通过仿真来理解复杂系统，它后来的几个变种主要用来进行社会领域的仿真。Aspen 主要用于经济活动的仿真。GEAMAS 主要用于自然现象的仿真，例如火山、地震的仿真。在这众多的平台当中，Repast 是一个高效率的、可信的、可重用的软件实验平台，为研究人员提供了一个设备精良的软件实验环境，有助于人们集中精力于复杂系统的智能体行为规则的实现上，减少与领域问题无关的仿真编程的负担。尤其重要的是 Repast 支持 GIS 矢量数据 Shapefile 文件和栅格数据 ASCII 文件的读取，而且能够与 ArcMap、ArcGLobe 通过 Agent Analyst 实现松散集成，同时还能与 OpenMap 实现完全集成错误。为了降低开发和实现的难度，本研究选择采用 Repast J 作为智能体模型的开发环境。

3. GIS 开发环境的选择

ArcGIS[①] 是美国 ESRI（Environmental Systems Research Institute，Inc. 美国环境系统研究所公司）推出的一条为不同需求层次用户提供的全面的、可伸缩的 GIS 产品线和解决方案。ESRI 是 GIS 领域的拓荒者和领导者，而 ArcGIS 也代表了当前 GIS 行业最高的技术水平。ArcGIS 是一个可伸缩的 GIS 平台，可以运行在桌面端、服务器端和移动设备上。它包含了一套建设完整 GIS 系统的应用软件，这些软件可以互相独立或集成配合使用，为不同需求的用户提供完善的解决之道。

ArcGIS Engine 是 ESRI 在 ArcGIS 9.0 版本才开始推出的新产品，是 ESRI 公司将 ArcObjects 中的一部分组件重新包装形成的一套完备的嵌入式 GIS 组件库和工具库。使用 ArcGIS Engine 开发的 GIS 应用程序可以脱离 ArcGIS Desktop 而运行。ArcGIS Engine 面向的用户并不是最终使用者，而是 GIS 项目程序开发员。对开发人员而言，ArcGIS Engine 不再是一个终端应用，不再包括 ArcGIS 桌面的用户界面，它只是一个用于开发新应用程序的二次开发功能组件包。

鉴于 ArcGIS Engine 是建立在 ArcObjects 之上的开发功能组件包，能够开发出强大的 GIS 功能。所以本研究选择采用 ArcGIS Engine 10.0 for Java 来开发 GIS 与 ABM 集成平台中的 GIS 功能。

集成案例使用的开发工具较为繁杂，GIS 功能部分考虑到开发的成本和效率等因素使用了 Microsoft 的 Visual C++，智能体建模方面目前几乎所有的建模工具都是基于 Java 开发的，因此智能体模型采用 Eclipse 3.4.2。集成技术路线如下图所示：

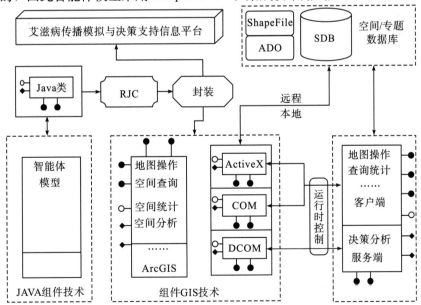

图 4.16　智能体模型与 GIS 集成技术路线图

---

① http：//www. esri. com/software/arcgis/index. html

　　从上图可以看出，在本案例中 GIS 与智能体模型集成涉及了微软的组件对象模型（COM）和 SUN 的 Java 组件技术，由于它们分别属于不同的技术体系，因此需要一种技术或方式实现两者之间的互操作。最近几年，出现了几个工具，它们启用了 Java 组件与 COM 组件之间的轻量级集成。但是，其中有些工具的可应用性非常有限，例如它们只支持从 Java 组件到 COM 的桥接（即从 Java 代码调用 COM 服务器的方法）。而面向通用性设计的桥接工具则会因为密集的交互而造成很高的性能开销。IBM 提供了一个工具能够很好地解决这一问题，这个工具是 Rational Java-COM 桥（RJCB）。RJCB 不仅支持从 Java 组件到 COM 以及从 COM 到 Java 组件的桥接，而且在组件通过桥进行密集的互动时，还提供了合理的性能。RJCB 技术采用 Java 本机接口（JNI）框架在桥 Java 代码和 COM 之间实现桥接。建立 RJCB 桥使用的工具（Java-COM 桥开发工具，DTJCB）与开放源代码的 Eclipse IDE 集成，使得在单一 Java 环境中建立和使用 RJCB 桥变得很容易。用户可以通过使用 DTJCB 建立的桥，用 Microsoft 的工具建立从 COM 到 Java 组件的桥接。当用户从 Java 客户机访问 COM 服务器时，可以继续在 Eclipse 中工作，建立 Java 项目。还可以添加与桥项目中的代理交互的 Java 客户机代码，它会通过桥运行时库与 COM 服务器进行对话。在 Eclipse 中使用 DTJCB，提供了一种端对端的体验（从建立桥到进行实际的桥接调用）。从 COM 客户机访问 Java 服务器时，首先要在微软的 Windows 环境中注册 Java 服务器，这样才可以将它"暴露"给 COM 环境。然后就可以使用基于 COM 的开发工具（例如微软 Visual Studio 的 Visual C++或 Visual Basic）编写通过桥访问 Java 服务器的客户机代码。

　　本例以 GIS 平台作为主体，将 LUCC 的智能体模型集成到 GIS 平台下。目前 Repast 平台已具有初步的 GIS 功能，能够读写矢量（如 ArcGIS 的 Shapefile 等格式数据）和栅格数据（如 ASCII 等格式数据），但总体功能还较弱。考虑以数据耦合为基础，以组件开发为核心的多元集成方式。GIS 平台是基于二次开发组件 ArcGIS Engine 遵循 COM 组件技术开发的，而土地利用变化智能体模型是利用 Java 开发的，将两者集成使用 Java－COM 桥开发工具（DTJCB）实现。利用 DTJCB 将土地利用变化智能体模型生成动态链接库（DLL），在 GIS 开发平台下利用 C♯加载 DLL，即可调用土地利用变化智能体模型，实现了两者在功能上的集成。要实现两者的完全集成还存在一个问题，那就是数据同步。图 4.17 为 ABM 模型界面的结果图。

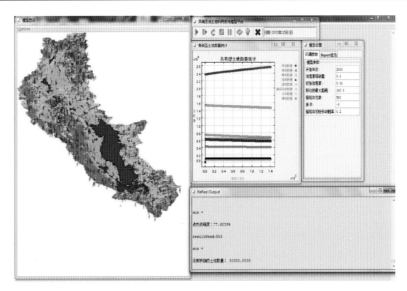

图 4.17 ABM 模型界面

上述重点阐述了利用 Java 编写的智能体模型与基于 COM 技术开发的 GIS 平台集成的案例。该集成方式虽然实现了智能体模型与 GIS 的松散集成，由于利用了两种不同的技术体系（Microsoft 的 COM 技术和 Jun 的 Java 技术），使得其健壮性受到损害，并且在运行环境的搭建变得较为复杂。更为严密而健壮的集成方式应该是使用一种技术来完成集成，或使用 Java 开发完成，或使用 COM 技术开发完成。目前在智能体模型开发上使用 Java 来实现已经比较成熟，而使用 COM 技术进行开发还很少；在 GIS 开发方面，利用 COM 和 Java 技术进行开发都已较为成熟。因此，基于这一情况利用 Java 来实现智能体模型与 GIS 的开发是一种比较理想的选择。

4.3.8 总结

ABM 模型与 GIS 集成模型的研究，将智能体模型的微观动态模拟特性与传统的 GIS 模型宏观静态特性很好地结合在一起，形成了真正意义上的时空动态模拟模型。可以模拟不同规划、不同人类活动影响下的土地利用情景，有利于政府、规划部门合理规划和利用土地提供决策依据。

参 考 文 献

何晋强，黎夏，刘小平，等. 2009. 蚁群智能及其在大区域基础设施选址中的应用[J]. 遥感学报，13（2）：246-256.

季民河. 2009. 基于多代理模型的城市土地利用博弈模拟[J]. 地理研究，28（1）：85-96.

黎夏，叶嘉安，刘小平，等. 2007. 地理模拟系统：元胞自动机与多智能体[M]. 北京：科学出版社.

刘弘，周林. 1998. 软件 Agent 的构筑[J]. 计算机科学，25（2）：24-28.

田清华. 2004. 蚁群算法概述[J]. 石家庄职业技术学院学报，16（6）：37-38.

吴静，王铮. 2008. 2000 年来中国人口地理演变的 Agent 模拟分析[J]. 地理学报，63（2）：185-194.

张攀攀，王义祥，邬群勇，等. 2010. GIS 与大气环境模型的集成及其应用[J]. 环境科学研究，23（5）：575-580.

周立柱，赵洪彪. 1999. Internet 环境中的软件 Agent[J]. 计算机科学，26（3）：24-28.

Berryman M. 2008. Review of Software Platforms for Agent Base Models[J]. Common Wealth of Austracia，（4）：1-18.

Crooks A T. 2006. Exploring Cities using Agent-Based Models and GIS, in Sallach, D. , Macal, C. M. , and North, M. J. （eds.），Proceedings of the Agent 2006 Conference on Social Agents：Results and Prospects，University of Chicago and Argonne National Laboratory，Chicago，IL，Available at http：//agent2007. anl. gov/2006procpdf/Agent _ 2006. pdf.

Dorigo M，Maniezzo V，and Colorni A. 1991. The Ant System：Optimization by a colony of cooperating agents[J]. IEEE Transaction on Systems，Man，and Cybernetic-Part B，26（1）：29-41.

Gambardella L M，Dorigo M. 1995. Ant-Q：a reinforcement learning approach to the traveling salesman problem[J]. Proceedings of the 12th International Conference on Machine Learning，252-260.

Kang－Tsung Chang. 2010. Introduction to Geographic Information Systems[M]. Fifth Edition. McGraw－Hill Education.

Nigel Gilbert. 2008. AGENT－BASED MODELS[J]. Los Angeles：SAGE Publications.

North M J，Macal C M. 2007. Managing Business Complexity[M]. Oxford：Oxford University Press.

Perez L，Dragicevic S. 2009. An Agent-Based Approach for Modelling Dynamics of Contagious Disease Spread[J]. International Journal of Health Geographics，8（2）：50-53.

第五章　流域农业非点源污染模拟模型及其与 GIS 的集成

5.1　流域农业非点源污染模拟模型建立

5.1.1　数据准备

SWAT 模型模拟需要输入大量流域基础数据，主要包括：地形数据、土地利用数据、土壤分布数据、土壤属性数据、气象数据、农业管理数据以及实测水文水质数据等。根据是否具有空间位置特性，这些数据可以分为空间数据和属性数据。

1. 空间数据准备

1）数字高程模型（DEM）

数字高程模型（digital elevation model，DEM）是进行水系生成、流域划分及水文过程模拟的基础。SWAT 模型应用 TOPAZ 自动数字地形分析软件包，基于最陡坡度和最小集水面积阈值的概念，对输入的 DEM 进行处理，定义流域范围，确定河网结构，划分子流域，计算河道和子流域参数。DEM 的分辨率影响着流域特征参数的提取，尤其反映在对河道总长、河流密度、河源密度和坡度的提取上，这种影响会在产流、产沙的模拟结果中反映出来。本研究采用洱海流域 30m DEM 数据，来源于国家 1∶50000 数字高程模型。图 5.1 为洱海流域 DEM 数据，流域的海拔内高程变幅在 1960.0～3970.8m。

图 例
Value
High:4085
Low:1860

图 5.1　洱海流域 DEM 图

2）土地利用数据

土地利用覆盖的变化改变了地表蒸发、土壤水分状况及地表覆被的截留量，进而影响流域的水量和水质。在 SWAT 中，土地利用类型与土壤类型分布以及地形分布共同决定了水文响应单元（hydrologic research unit，HRU）的划分。

本研究利用 ENVI 软件对遥感影像进行监督分类，并辅以目视解译修正，从而获得洱海流域 2000 和 2010 年的土地利用类型分布图。经计算，2000 年和 2010 年土地利用提取总体精度分别达到 85.49%、82.88%，Kappa 系数分别达到 0.8150 和 0.7948，提取精度较为满意。参考 2007 年国家《土地利用现状分类》标准，结合洱海流域非点源污染的特点，本研究将土地利用类型划分为 8 类：园地、建设用地、林地、水体、湿地、耕地、草地、裸地。表 5.1 是 SWAT 模型中不同土地利用类型的对应代码，图 5.2、5.3 为 2000 年和 2010 年洱海流域土地利用类型分布图。本研究提取土地利用类型图所用的遥感影像为 2000 年、2010 年的 TM/ETM＋遥感影像，分辨率为 30m，来源于国际科学数据服务平台（http：//datamirror. csdb. cn/index. jsp）。

表 5.1　洱海流域土地利用类型 SWAT 代码表

原始分类	SWAT 对应分类代码	
	SWAT 中类别	SWAT 中代码
园地	园地	ORAN
建设用地	居民地	URBN
林地	林地	FRST
水体	水体	WATR
湿地	湿地	WETN
耕地	耕地	AGRL
草地	草地	PAST
裸地	未利用地	SWRN

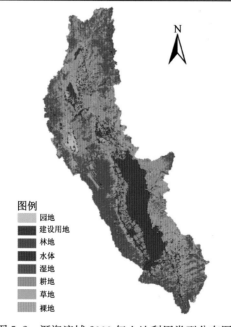

图 5.2　洱海流域 2000 年土地利用类型分布图

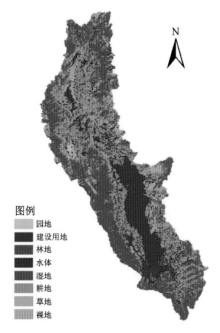

图例
园地
建设用地
林地
水体
湿地
耕地
草地
裸地

图 5.3 洱海流域 2010 年土地利用类型分布图

3）土壤类型分布数据

不同的土壤类型具有不同的理化性质。土壤的物理属性和化学属性直接影响着流域水文循环的各个方面，如地表径流、地下径流、入渗、侧渗、产沙、输沙、作物生长、养分流失等。土壤类型和土地利用类型以及地形条件共同确定了子流域内的水文响应单元的划分，子流域内每个水文响应单元内的径流产生、沉积量、非点源污染负荷的加总，经过河道、池塘或者水库传输到达子流域出口。

洱海流域内主要的土壤类型为黄紫泥、大红土、棕灰汤土、综红土、麻灰汤土、麻黑汤土、厚棕红土；其中黄紫泥占洱海流域面积的 30.93%，大红土占 16.76%，棕灰汤土占 9.73%，综红土占 9.43%，麻灰汤土占 7.42%，麻黑汤土占 4.64%，厚棕红土占3.71%。从流域土壤图来说，洱海流域共有 26 类土种，具体类型见表 5.2，空间分布见图 5.4。

表 5.2 洱海流域土壤类型表

土类	亚类	土属	土种
暗棕壤	暗棕壤	灰岩暗棕壤	棕黑汤土
暗棕壤	暗棕壤	鲜暗棕壤	麻黑汤土
黄棕壤	暗黄棕壤	厚层暗黄棕壤	厚棕红土
黄棕壤	黄棕壤	暗色暗黄棕壤	灰泡大土
黄棕壤	黄棕壤	鲜暗黄棕壤	麻灰泡土
黄棕壤	黄棕壤	灰岩暗黄棕壤	棕灰泡土
红壤	山地红壤	灰岩山地红壤	综红土
红壤	山地红壤	暗山地红壤	大红土
红壤	山地红壤	山地红壤	大红土
红壤	山地红壤	鲜山地红壤	麻红土
红壤	红壤	侵蚀山原红壤	润山红土

续表

土类	亚类	土属	土种
红壤	黄红壤	黄红壤	黄红泥
红壤	黄红壤	鲜黄红壤	麻黄红土
红壤	黄红壤	泥质黄红壤	黄红泥
红壤	黄红壤	紫黄红土	紫黄红土
水稻土	潜育型水稻土（青泥、冷锈田）	潜育型水稻土（青泥、冷锈田）	青泥田
水稻土	潴育型水稻土（暗泥田）	暗沙泥田（冲、湖、洪积母质）	泥田
水稻土	潴育型水稻土（暗泥田）	暗胶泥田（冲、湖、洪积母质）	胶泥田
水稻土	潴育型水稻土（暗泥田）	暗紫泥田（紫色土性母质）	暗紫泥田
水稻土	潴育型水稻土（暗泥田）	暗鸡粪土田（冲、湖、洪积母质）	暗红鸡粪土田
水稻土	淹育型水稻土（泥田）	浮泥田（冲、湖、洪积母质）	黄浮泥田
水稻土	水稻土	水稻土	黄砂田
棕壤	棕壤	灰岩棕壤	棕灰汤土
棕壤	棕壤	暗色棕壤	灰汤大土
棕壤	棕壤	鲜棕壤	麻灰汤土
棕壤	棕壤	棕壤	棕灰汤土
新积土	冲积土	冲积土	河浮泥
紫色土	酸性紫色土	黄紫泥	黄紫泥
石灰（岩）土	红泡土	红泡土	红色石灰土
亚高山草甸土	亚高山草甸土	亚高山草甸土	麻草堡土
棕色针叶林土	棕色针叶林土	鲜棕色针叶林土	麻黑灰土

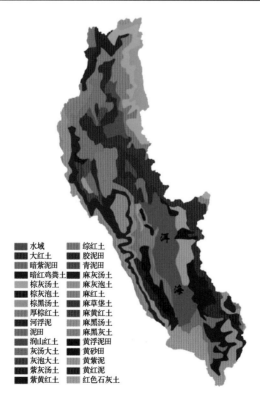

图 5.4　洱海流域土壤分布图

2. 属性数据准备

1）气象数据

从机理来看，合理的气象条件是径流过程产生的起点，径流过程是土壤侵蚀过程产生的基础，而径流过程和土壤侵蚀过程又是农业非点源污染产生的直接动力。可见，气象条件对于农业非点源污染的产生是至关重要的。SWAT 模型计算需要的气象数据包括：日降雨量、日最高气温、日最低气温、日相对湿度、日太阳辐射（或日照辐射）、日平均风速等。

由于各种原因，有时候我们不能搜集到完全覆盖研究时段的气象数据，或者在搜集到的数据中，部分数据存在明显的偏差，从而导致我们的研究陷入困难。值得一提的是，ArcSWAT 中集成了气象发生器模块，该模块可以根据多年的气象数据统计特征值来模拟生成研究区日步长气象数据，从而修补缺测的数据。气象发生器需要输入的气象数据统计特征值参数如表 5.3 所示。

本研究使用的气象数据来源于云南省水文水资源局和中国气象科学数据共享服务网，时段为 1997～2010 年，共有 6 个气象站点，分别为：大理站、福和站、炼成站、牛街站、下关站和银桥站。流域气象站分布情况如图 5.5 所示。

表 5.3　SWAT 模型天气发生器参数计算列表

参数	公式
月平均最高气温/℃	$\mu mx_{mon} = \dfrac{\sum\limits_{d=1}^{N} T_{max,\,mon}}{N}$
月平均最低气温/℃	$\mu mn_{mon} = \dfrac{\sum\limits_{d=1}^{N} T_{min,\,mon}}{N}$
最高气温标准差	$\sigma mx_{mon} = \sqrt{\left(\dfrac{\sum\limits_{d=1}^{N}(T_{max,\,mox} - \mu mx_{mon})^2}{N-1}\right)}$
最低气温标准差	$\sigma mn_{mon} = \sqrt{\left(\dfrac{\sum\limits_{d=1}^{N}(T_{min,\,mon} - \mu mn_{mon})^2}{N-1}\right)}$
月平均降雨量/mm	$\overline{R}_{mon} = \dfrac{\sum\limits_{d=1}^{N} R_{day,\,mon}}{yrs}$
月平均降雨量标准差	$\sigma_{mon} = \sqrt{\left(\dfrac{\sum\limits_{d=1}^{N}(R_{day,\,mon} - \overline{R}_{mon})^2}{N-1}\right)}$
降雨的偏度系数	$g_{mon} = \dfrac{N \cdot \sum\limits_{d=1}^{N}(R_{day,\,mon} - \overline{R}_{mon})^3}{(N-1) \cdot (N-2) \cdot (\sigma_{mon})^3}$
月内干日日数/d	$R_i\,(W/D) = \dfrac{days_{W/D,i}}{days_{dry,i}}$
月内湿日日数/d	$R_i\,(W/W) = \dfrac{days_{W/W,i}}{days_{det,i}}$
平均降雨天数/d	$\overline{d}_{wet,i} = \dfrac{days_{wet,i}}{yrs}$
露点温度/℃	$\mu desw_{mon} = \dfrac{\sum\limits_{d=1}^{N} T_{dew,\,mon}}{N}$

续表

参数	公式
月平均太阳辐射量/（kJ/（m² • d））	$\mu rad_{mon} = \dfrac{\sum\limits_{d=1}^{N} H_{day,\,mon}}{N}$
月平均风速/（m/s）	$\mu wnd_{mon} = \dfrac{\sum\limits_{d=1}^{N} \mu_{wnd,\,mon}}{N}$

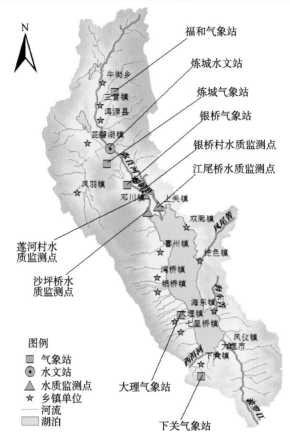

图 5.5 洱海流域气象站、水文水质站分布图

2）土壤属性数据

土壤属性数据包括物理属性数据和化学属性数据，物理属性数据包括土壤名称、土壤分层数目、土壤水文学分组、最大根系深度、阴离子交换孔隙度、土壤潜在可压缩量、土壤质地、土壤表面到土层底的深度、土壤容重、土壤有效持水量、土壤饱和水力传导系数、有机碳含量、土壤黏土含量、壤土含量、沙土含量、砾石含量、湿润土壤地表反射率、土壤可侵蚀因子、电导率等；土壤化学参数包括有机质、全氮和全磷等。土壤的物理属性数据决定了水分、空气在土壤中的运动状况以及土壤的侵蚀程度，影响到陆地上的水文循环；土壤的化学属性数据则决定了土壤初始状态下的各种化学成分的含量。由于土壤化学属性数据是 SWAT 模型可选输入数据，且其对非点源污染输出的影响可以通过设置模拟预热期予以消除，所以本研究不做过多讨论。模型所需的物理属性数据主要来源于中国西部环境与生态科学数据中心、中国土壤数据库以及《云南省土种志》。

SWAT 模型为美国农业部开发，其所采用的土壤粒径划分方式为美国标准，而国内土壤调查与统计采用的是国际制标准，二者有很大的差别。所以，在使用国内统计的土壤粒径数据前，需将国际标准转化为美国标准。另外，由于国内土壤调查及统计数据不够完善，SWAT 所需的很多数据不能直接查询得到，我们只能通过间接的方式计算出这些参数值。本研究采用的参数计算方式主要有两种：通过 SPAW 软件直接计算、利用公式手动计算。

（1）土壤粒径转换。土壤粒径参数主要指土壤黏土含量、壤土含量、沙土含量、砾石含量，对流域水文过程有重要影响，土壤容重、土壤有效持水量和饱和水力传导系数均与土壤粒径组成有直接关联。鉴于美国制和国际制粒径划分标准的差异性（见表5.4），为了保证模拟的精确性，SWAT 模拟前我们需要进行粒径转换。土壤粒径转换的方法有多种，例如：一次样条插值、二次样条插值、三次样条插值、线性插值等。考虑到操作的简便性，本研究使用在科学研究中广泛应用的 MatLab 软件进行插值，方法为spline 内插。

表 5.4　土壤粒径划分标准对照

美国制		国际制	
黏土 CLAY	粒径＜0.002mm	黏土	粒径＜0.002mm
壤土 SILT	粒径：0.002～0.05mm	壤土	粒径：0.002～0.02mm
沙土 SAND	粒径：0.05～2mm	细砂粒	粒径：0.02～0.2mm
砾石 ROCK	粒径＞2mm	粗砂粒	粒径：0.2～2mm
		砾石	粒径＞2mm

（2）SPAW 软件计算缺失数据。SPAW 是一款计算土壤相关物理属性的软件。本研究主要利用 SPAW 软件的 Soil Water Characteristics 模块计算土壤有效持水量和饱和水力传导系数两个参数。Soil Water Characteristics 模块需要输入的参数主要有：黏土、砂土、砾石、有机质含量以及土壤盐度，这些参数来源于中国西部环境与生态科学数据中心和中国土壤数据库。SPAW 运行界面如图 5.6 所示。图中，Sat Hydraulic Cond 即为饱和水力传导系数计算结果值，田间持水量（field capacity）与饱和导水率（wilting point）之差为土壤有效持水量。

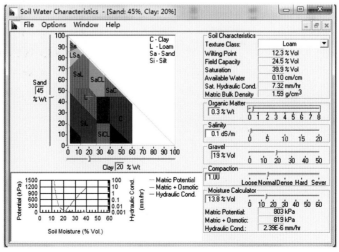

图 5.6　SPAW 软件土壤参数计算界面

（3）手动计算其他缺失数据。土壤可侵蚀因子通过影响流域水土流失过程，来对农业非点源污染物输出负荷产生影响。土壤可侵蚀因子计算所依据的公式为 Williams 等在 EPIC 模型中提出的土壤可蚀性因子 K 值估算公式，该公式依据土壤有机碳含量以及土壤粒径组成来估算可蚀行因子。可蚀性因子 K 值计算公式如公式（5.1）所示。

$$K_{USLE} - f_{csand} \cdot f_{cl\text{-}si} \cdot f_{orgc} \cdot f_{hisand} \tag{5.1}$$

其中，f_{csand} 为粗沙质地土壤侵蚀因子；$f_{cl\text{-}si}$ 为壤土土壤侵蚀因子；f_{orgc} 为土壤有机质因子；f_{hisand} 为高沙质土壤侵蚀因子。

$$f_{csand} = 0.2 - 0.3 + e^{\left[-0.256 \times sd \times \left(1 - \frac{si}{100} \right) \right]} \tag{5.2}$$

$$f_{d\text{-}si} = \left(\frac{si}{si + cl} \right)^{0.3} \tag{5.3}$$

$$f_{orgc} = 1 - \frac{0.25 \times c}{c + e^{3.72 - 2.95 \times c}} \tag{5.4}$$

$$f_{hisand} = 1 - \frac{0.7 \times \left(1 - \frac{sd}{100} \right)}{\left(1 - \frac{sd}{100} \right) + e^{\left[-5.51 + 22.9 \times \left(1 - \frac{sd}{100} \right) \right]}} \tag{5.5}$$

公式（5.2）、（5.3）、（5.4）、（5.5）分别为粗沙质地土壤侵蚀因子、壤土土壤侵蚀因子、土壤有机质因子、高沙质土壤侵蚀因子的计算公式，其中 sd 为沙土含量百分数；si 为壤土含量；cl 为黏土含量；c 为有机碳含量。

土壤水文学分组（HYDGRP）表征了研究区表层土壤饱和导水率的大小。在 SWAT 模型中，土壤水文学分组分为 4 个组，分别用 A、B、C、D 表示，表层土壤渗透性依次减弱。划分水文学分组的主要依据是土壤的饱和导水率以及土壤质地，具体标准见表 5.5。

本研究在 SWAT 模型数据库的 usersoil 表中定义了自己的土壤类型数据，详细描述了洱海流域各种土壤类型的物理属性。洱海流域土壤物理属性数据及其获得方式详细介绍如表 5.6 所示。

表 5.5　土壤水文组分类标准

土壤水文组	下渗率/（mm/h）		土壤质地
A	渗率较大	>25	砂土，壤质砂土，砂壤土
B	下渗率居中	12.5～25	粉砂壤土，壤土，粉砂
C	渗率低	2.5～12.5	砂质黏壤土
D	下渗率较低	<2.5	黏壤土，粉砂黏壤土，砂质黏土，粉砂黏土，黏土

表 5.6　SWAT 模型土壤物理属性参数

参数名	参数说明	数据来源
SNAM	土壤名称	资料查询
NLAYERS	土壤分层数目	资料查询
HYDGRP	土壤水文学分组（A、B、C 或 D）	手动计算
SOL_ZMX	最大根系深度	资料查询
ANION_EXCL	阴离子交换孔隙度	默认值
SOL_CRK	土壤潜在可压缩量	默认值
TEXTURE	土壤质地	默认值

续表

参数名	参数说明	数据来源
SOL_Z（layer#）	土壤表面到土层底的深度	资料查询
SOL_BD（layer#）	土壤容重	资料查询
SOL_AWC（layer#）	土壤有效持水量	SPAW 计算
SOL_K（layer#）	土壤饱和水力传导系数	SPAW 计算
SOL_CBN（layer#）	有机碳含量	资料查询
CLAY（layer#）	黏土（%），直径<0.002mm	资料查询
SILT（layer#）	壤土（%），直径 0.002~0.05mm	资料查询
SAND（layer#）	砂土（%），直径 0.05~2.0mm	资料查询
ROCK（layer#）	砾石（%），直径>2.0	资料查询
SOL_ALB（layer#）	湿润土壤地表反射率	默认值
USLE_K（layer#）	土壤可侵蚀因子	手动计算
SOL_EC（layer#）	电导率	资料查询

3）农业管理数据

作物管理措施包括播种、施肥、灌溉、收获和翻耕等。洱海流域的耕地类型主要有水田、旱地、水浇地和菜地，主要农作物为水稻、玉米、油菜、小麦、大蒜和蔬菜等。对于大中尺度的模拟而言，同一种作物主产区内并非所有耕地都种植该作物，同时也不可能考虑每一个子流域内的每一个 HRU 的管理措施。本研究为了方便建模，将流域内的管理措施按照不同农作物的主产区进行归一化处理，视同一作物主产区内的农业管理措施相同。本研究使用的洱海流域农业管理数据来源于云南省环境科学研究院。

（1）水田。水稻和油菜轮作方式（主要分布在流域凤羽镇），4 月份种植水稻，10 月份收割；10 月份种植油菜，次年 4 月份收割。水稻一般一年施 2~3 次肥（底肥和追肥），油菜一年施一次肥（底肥）；在此轮作方式下，全年施氮肥（以氮计）703.1kg/hm²，磷肥（以磷计）224.3kg/hm²。

水稻和蚕豆轮作方式（主要分布在喜洲镇、大理镇、三营镇等），4 月份种植水稻，10 月份收割；10 月份种植蚕豆，次年 3 月份收割。水稻一般一年施 2~3 次肥（底肥和追肥），蚕豆一年施 1~2 次肥（底肥和追肥）；在此轮作方式下，全年施氮肥（以氮计）510.2~692.5kg/hm²，磷肥（以磷计）229.5~481.7kg/hm²。

水稻和大蒜轮作方式（主要分布在右所镇），4 月份种植水稻，10 月份收割；10 月份种植大蒜，次年 3 月份收割。水稻一般一年施 2 次肥（底肥和追肥），大蒜一年施 2 次肥（底肥和追肥）；在此轮作方式下，全年施氮肥（以氮计）882.4kg/hm²，磷肥（以磷计）319.5kg/hm²。

水稻和大麦轮作方式（主要分布在牛街镇），4 月份种植水稻，10 月份收割；10 月份种植大麦，次年 3 月份收割。水稻一般一年施 1 次肥（底肥），大麦一年施 2 次肥（底肥和追肥）；在此轮作方式下，全年施氮肥（以氮计）775.7kg/hm²，磷肥（以磷计）328.7kg/hm²。

（2）旱地。包谷和大蒜轮作方式（主要分布在牛街镇、右所镇、喜洲镇），5 月份种植包谷，9 月份收割；10 月份种植大蒜，次年 3 月份收割。包谷一般一年施 2~3 次肥（底肥和追肥），大蒜一年施 2~3 次肥（底肥和追肥）；在此轮作方式下，全年施氮肥（以氮计）754~1260kg/hm²，磷肥（以磷计）226~372.6kg/hm²。

包谷和小麦轮作方式（主要分布在三营镇），5月份种植包谷，9月份收割；10月份种植小麦，次年3月份收割。包谷一般一年施3次肥（底肥和追肥），小麦一年施2次肥（底肥和追肥）；在此轮作方式下，全年施氮肥（以氮计）715.8kg/hm²，磷肥（以磷计）269.4kg/hm²。

包谷种植方式下（主要分布在凤羽镇），5月份种植包谷，9月份收割。包谷一般一年施3次肥（底肥和追肥），在此轮作方式下，全年施氮肥（以氮计）420.6kg/hm²，磷肥（以磷计）146.4kg/hm²。

（3）菜地。洱海流域内的菜地种植以蔬菜为主，复种指数较高，典型的轮作方式为南瓜、白菜和花菜。南瓜1月种植，5月收割；白菜6月种植，8月收割；花菜8月种植，12月收割。菜地全年施氮肥（以氮计）1169.6kg/hm²，磷肥（以磷计）390kg/hm²。

3. 实测水文水质数据

实测水文、水质数据并不直接参与模型模拟，而是用于对模型进行校准和验证。本研究使用的水文数据为炼城水文站2001年和2004年实测月平均径流；水质数据为银桥村、莲河村、沙坪桥水质监测点2009年和2010年实测总氮、总磷浓度值，以及江尾桥水质监测点2001年、2004年、2009年、2010年实测总氮、总磷浓度值。水文数据、水质数据分别来源于云南省水文水资源局和大理州环保局。洱海流域水文、水质监测站分布情况如图5.5所示。

5.1.2　模型构建

SWAT模型自20世纪90年代初研发推出以来，经过了多次版本升级，每次升级都使模型功能及系统结构更加完善。本研究使用目前最为成熟的SWAT 2009版本，并选用Arc-SWAT作为模型运行平台，以方便利用ArcGIS在数据管理、空间分析等方面的优势。

ArcSWAT要求输入的空间数据必须具有同一投影、同一坐标系统，所以在构建模型前，必须对所有空间数据进行预处理，使其投影、坐标满足要求。本研究采用的投影、坐标系统详细信息见表5.7。

表5.7　空间数据坐标、投影系统定义

项目	标准
投影坐标系	WGS _ 1984 _ UTM _ Zone _ 47N
地理坐标系	GCS _ WGS _ 1984
参考纬度	东经99°
Scale _ Factor	1.0
东偏移	500000 m

SWAT模型作为基于物理过程的分布式水文模型，首先依据流域水系的分布情况，将整个流域划分成若干个自然子流域，再按照不同的土地利用、土壤以及地形分布组合，将每个子流域进一步划分成若干个水文响应单元（HRU）。SWAT模型在子流域或者HRU级别上设置模型参数，并以HRU为最小模拟单元，充分考虑了水文影响因子的空间差异性，可以更加客观地描述研究区域内的水文物理过程，从而精确地进行非点源污染的模拟。

1. 子流域划分

ArcSWAT 划分子流域功能是通过调用 ArcGIS 的水文模块来实现的。划分子流域之前，首先要加载 DEM 数据，然后 ArcSWAT 调用 ArcGIS 水文模块进行无洼地 DEM 生成、汇流累积量计算、水流长度计算和网提取以及流域分割等过程，并最终将整个研究区划分成若干子流域。在子流域划分过程中，要通过输入最小流域面积阈值来控制最终子流域的个数，通过编辑系统生成的 outlet 节点来控制各个子流域的出口点。研究表明，子流域划分条件对径流模拟影响较小，而对沉积物、硝酸盐和无机 P 的模拟结果影响很大，在设置最小流域面积阈值时要仔细研究、斟酌。除了自动生成子流域外，ArcSWAT 还允许用户将预先定义好的子流域及水系矢量图导入系统。另外，为了客观反映流域的水文条件，用户可以在划分好的子流域分布图上添加、编辑池塘、水库、湖泊的分布情况。

需要特别注意的是，在添加 outlet 节点时，应将水文站点、水质站点以及河流入湖口标识为 outlet 节点，以方便模型的校准和验证。

洱海流域的出流河流为西洱河，由于该河流上游建立了人工闸门，不能作为 SWAT 模型中的流域总出口。本研究将洱海流域看成入海流域，将流域所有主要入湖河流都看作入海河流，而每条入湖河流的入湖口是流域出口点，以此将整个流域划分为 175 个子流域，共生成集水面积约 2393.5km² 。最终划分的子流域分布情况如图 5.7 所示。

图 5.7 子流域的计算结果

2. 水文响应单元划分

水文响应单元（hydrologic response units，HRUs）是一个子流域内具有相同土地利用类型、土壤类型和地形组合的最小地块单元，也是 SWAT 进行径流模拟、泥沙模拟和非点源污染模拟的最小计算单元。HRUs 概念的引入使得 SWAT 可以更为详细地反映不同土地利用类型、土壤类型以及地形组合导致的蒸发蒸腾等水文条件的差异，使得研究人员可以在比子流域更小的单元上进行参数设置，从而使 SWAT 成为真正的分布式水文模型。

HRUs 划分分为两步：土地利用、土壤、地形数据加载及重分类；HRUs 定义。加载土地利用类型图、土壤类型分布图时，要保证其坐标、投影系统与本章第二节定义的标准一致，同时要使土地利用类型图、土壤类型分布图尽量完全覆盖研究区。

SWAT 提供两种方式来定义 HRUs：第一种是优势土被法。该方法将每一个子流域划分成一个 HRU，HRU 由子流域内占主导地位的土地利用、土壤类型和坡度类型共同确定，其他土地利用、土壤和坡度类型将被并入优势类中。另一种方法将子流域划分为若干个不同的 HRU，每一个 HRU 即是一个土地利用、土壤和坡度类型的唯一组合。在第二种划分方法中，需要分别对土地利用、土壤和坡度类型设置阈值。对于土地利用来说，如果在一个子流域内，某些土地利用类型所占面积的百分比小于阈值，则这些土地利用类型将被忽略，他们所占的面积将被按照比例分配给其他土地利用类型。之后，未被忽略的土地利用类型参与 HRUs 划分。土壤和地形类型的阈值和土地利用阈值意义相同，不再赘述。本研究选择第二种方法进行 HRUs 的划分，根据 SWAT 操作手册建议，设置土地利用、土壤和地形的阈值分别为 20%、10%、20%。

3. 加载气象数据

气象数据分为两部分：气象站位置数据，包括气象发生器站、雨量站、风速站、湿度站、温度站和太阳辐射站；气象实测数据，包括雨量数据、风速数据、湿度数据、温度数据和太阳辐射数据，气象数据要求为日步长数据。气象站位置数据主要定义站点名称以及站点坐标、高程数据。气象站位置数据必须定义为 DBF 格式的表格；气象实测数据可以为 TXT 文本格式，也可以为 DBF 表格格式。需要特别注意的是，气象实测数据的文件名必须要与气象站位置表格中的对应站点名称一致，且气象实测数据文件应与气象站位置表文件放在同一目录下。加载气象数据时，只需加载气象位置数据，系统会自动根据气象站位置表格中的站点名称从相应目录下查找气象实测数据文件。

4. 创建模型输入文件

创建模型输入文件，既是将模型运行过程中需要的数据写入模型，主要包括结构文件（.fig）、土壤物理属性文件（.sol）、气象发生器文件（.wgn）、子流域常规参数文件（.sub）、HRUs 常规参数文件（.hru）、主河道参数文件（.rte）、地下水参数文件（.gw）、水利用参数文件（.wus）、农业管理措施文件（.mgt）、土壤化学属性文件（.chm）、池塘参数文件（.pnd）、河流水质文件（.swq）、流域常规参数文件（.bsn）以及流域水质参数文件（.wwq）等。

5. 其他数据编辑

创建模型输入文件结束后，用户还可以根据自己的需求，修改相应的数据。比如，我们可以修改土壤数据、气象数据，农业管理数据及河流水质数据等。本研究根据需要，只修改了农业管理数据，将搜集到的农业管理措施填入数据库，以提高模拟精度。

6. 运行模型

以上所有流程都正确完成之后，就可以运行模型，对流域径流、泥沙及农业非点源污染进行模拟。

5.2 流域农业非点源污染模拟参数率定和模型验证

SWAT 是基于美国本土开发的模型，其默认参数根据美国地理环境特点而设置。所以，要将 SWAT 模型应用于非北美地区时，有必要对模型的参数进行校准，以提高模拟精度。模型校准以后，还应对模型进行验证，以评价模型校准的可靠性以及模型在研究区的适用性。还应特别注意的是，模型校准和验证两个阶段不能使用同一组实测数据。

5.2.1 模型的适应性评价

本次研究采用 2 个统计参数来评价模型率定和验证的精度，分别为相关系数（R^2）和 Nash-Sutcliffe 效率系数（Ens）。两个参数的计算公式分别为（5.6）、（5.7）。

$$R^2 = \frac{\sum_{i=1}^{n}(Y_i^{obs})^2 - \frac{1}{n}\sum_{i=1}^{n}(Y_i^{obs})^2}{\sum_{i=1}^{n}(Y_i^{sim})^2 - \left(\frac{1}{n}\sum_{i=1}^{n}Y_i^{sim}\right)^2} \tag{5.6}$$

$$Ens = 1 - \frac{\sum_{i=1}^{n}(Y_i^{obs} - Y_i^{sim})^2}{\sum_{i=1}^{n}(Y_i^{obs} - Y_i^{mean})^2} \tag{5.7}$$

式中，Y_i^{obs} 为第 i 个实测值，Y_i^{sim} 第 i 个模拟值，Y_i^{mean} 为实测平均值，n 为实测数据个数。

相关系数反应了模拟值与观测值之间关系的密切程度，$R^2=1$ 表示非常吻合，$R^2=0$ 表示毫不相关，R^2 越接近 1 表明模拟值与观测值的直线关系越密切。效率系数 Ens 反应了模型模拟值与观测值之间的拟合程度，$Ens=1$ 达到最理想的状态，当 Ens 大于 0.5 表明模拟结果在接受范围内。

5.2.2 SWAT-CUP 简介

SWAT-CUP 是专门针对 SWAT 模型的敏感性分析、校准、验证和不确定性分析而开发的工具软件，提供了 SUFI-2、PSO、GLUE、ParaSol、MCMC 等多种不确定性分析算法供用户选择。SUFI-2 是最为常用的算法，下面对其详细介绍。

SUFI-2 算法综合考虑驱动变量、概念模型、模型参数以及实测数据等不确定性因素，来选择最优参数组合。一组参数的不确定性程度的大小由 95PPU 和 P-factor 共同表示。95PPU（95％prediction uncertainty）是参数率定后 95％置信水平上的不确定性区间，它反映了在一次率定操作中模拟结果的不确定性大小，95PPU 越宽，表示模拟结果的不确定性越大。SUFI-2 算法用 R-factor 表示 95PPU 的平均宽度。P-factor 是率定操作中所输入的实测数据包含在 95PPU 区间内的百分比。我们校准的目标就是使 R-factor 尽可能接近于 0，并且使 P-factor 尽量接近于 1。

　　每一轮率定循环前，用户都要输入实测数据（实测径流、泥沙、水质数据）、率定目标参数以及目标参数的最大取值范围，并设置本轮循环模型运行的次数。在一轮循环的每次运行过程中，SWAT-CUP 按照既定的规则在最大取值范围内改变目标参数的值，并以变化后的参数值作为输入参数，调用内置的模型组件进行模拟。在此过程中，SUFI-2 算法综合考虑各种因素来评价本次模拟结果的不确定性。在一轮循环结束后，SUFI-2 对比本轮循环中所有模拟的结果，找出最优的一次模拟，并给出该模拟的输入参数作为本轮率定的最优参数组合，以及对应的模拟结果值、SUFI-2 统计值（主要有：P-factor、R-factor、R^2、Ens 等）。SUFI-2 还会给出目标参数的敏感度排序以及下一轮率定循环的目标参数的建议性取值范围。用户可以根据 P-factor、R-factor、R^2、Ens 等来判断本轮率定结果是否满足要求，如果否，则按照建议的取值范围修改目标参数，并进行下一轮率定，直到率定结果满足要求。由于模型具有不确定性，SWAT-CUP 给出的最优参数组合带入 ArcSWAT 模拟出的结果值会与 SWAT-CUP 的最优模拟结果存在一定差异。所以，当 SWAT-CUP 率定结果满足要求后，应当将其最优参数组输入 SWAT 模型进行模拟，并再次进行精度评价。如果 SWAT 模型精度评价达到了预期效果，则模型校准工作全部结束；否则，采取相应的措施继续进行校准。用户可以进一步采取的措施主要有：按照建议值范围目标参数、增加更多的目标参数、检查基础数据是否有误等。图 5.8 为采用 SUFI-2 算法进行敏感性分析及模型校准的流程，图 5.9 为 SWAT-CUP 运行界面。

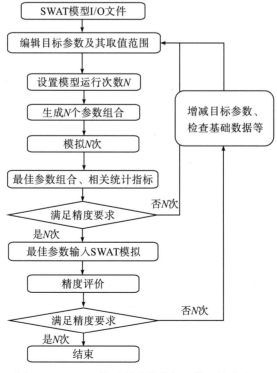

图 5.8　SUFI-2 算法敏感性分析和模型校准流程

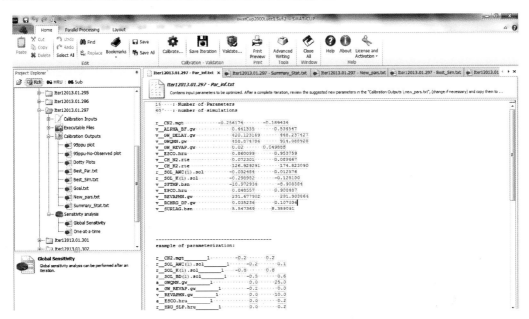

图 5.9 SWAT-CUP 运行界面

5.2.3 模型参数敏感性分析

由于 SWAT 模型参数众多，且很多参数具有空间差异性，不可能对每一个参数分别调整。较为现实的做法是，找出对模型输出结果影响较大的参数，并只对这些参数进行调整。本研究使用 SWAT-CUP 对模型参数进行敏感性分析，找出对模型影响最大的若干参数，以便对模型校准。

SWAT 模型模拟径流、泥沙及营养物质在流域内的迁移、转换，涉及很多参数，表5.8 列出了影响径流、泥沙和非点源污染的部分重要参数。

表 5.8 SWAT 主要参数表

变量	定义	取值变幅	参数类型
CN2	湿润情况下 SCS 径流曲线数	20～100	.mgt
ALPHA_BF	基流消退系数	0～1.00	.gw
CANMX	最大林冠指数	0～10	.hru
ESCO	土壤蒸发补偿系数	0.01～1.00	.hru
EPCO	植物蒸腾补偿系数	0.01.1.00	.hru
SURLAG	地表径流滞后系数	0～10	.bsn
GW DELAY	地下水滞后时间	0～500	.gw
GW REVAP	地下水再蒸发系数	0.02～0.20	.gw
REVAPMN	浅层地下水再蒸发的阈值	0～5000	.gw
GWQMN	浅层含水层产生基流的阈值	0～5000	.gw
RECHR DP	深含水层渗透比	0.0～1.0	.gw
SOL_K	土壤饱和水力传导系数	0～100	.sol
SOL_AWC	土壤可利用水量	0～1	.sol

续表

变量	定义	取值变幅	参数类型
OV_N	坡面漫流曼宁系数	0.01~0.5	.hru
CH_N	河道曼宁系数	0.01~0.5	.rte
SLOPE	平均坡度	基于DEM计算	.hru
SLSUBBSN	平均坡长	10~150	.hru
CH_K1	支流河床有效水力传导度	0.01~150	.sub
CH_K2	河道有效水力传导度	0.01~150	.rte
APM	主河道泥沙演算洪峰速率调整因子	0.5~2.0	.bsn
PRF	支流泥沙演算洪峰速率调整因子	0~2	.bsn
SPCON	泥沙输移线性参数	0.0001~0.01	.bsn
SPEXP	泥沙输移指数参数	1~1.5	.bsn
USLE_C	USLE中植物覆盖度因子	1~1.5	.bsn
SPEX_P	USLE中水土保持措施因子	0~1	.mgt
USLE_K	USLE中土壤侵蚀因子	0~0.65	.sol
CH_EROD	河道侵蚀系数	0~1	.rte
RSDCO	残余物分解因子	0.002~0.1	.bsn
ERORGN	氮富集率	0~1	.hru
NPERCO	氮下渗系数	0~1	.bsn
AI1	藻类生物中氮含量	0.07~0.09	.wwq
ERORGP	磷富集率	0~5	.lvu
PPERCO	磷下渗系数	10~17.5	.bsn
PHOSKD	土壤磷分离系数	100~200	.bsn
AI2	藻类生物中磷含量	0.01~0.02	.wwq
SOL_LABP	土壤表层溶解磷含量		.chm
SOL_NO3	土壤硝酸盐含量		.chm
SOL_ORGN	土壤表层初始有机氮含量		.chm
SOL_ORGP	土壤表层初始有机磷含量		.chm

通过对前人研究的总结以及 SWAT-CUP 软件推荐的参数，本研究选择对水文影响较大的 15 个参数进行敏感性分析。经过敏感性分析，15 个参数敏感度从大到小排序为：CN2、GWQMN、SOL_AWC、SURLAG、RCHRG、CH_K2、EPCO、CH_N2、REVAPMN、ALPHA_BF、SFTMP、GW_REVAP、GW_DELAY、ESCO、SOL_K。对模型进行调参校准时，可以有针对性地对敏感度靠前的参数进行调整。另外，通过对水质影响参数的敏感性分析发现，NPERCO、PPERCO 和 PHOSKD 对氮、磷产出影响较大。

5.2.4　模型校准与验证

SWAT 模型校准就是为了使模拟过程尽量符合研究区水文物理机制，而进行的参数调整过程。

在模型校准时，应该先对水量平衡和河道径流进行校准，然后依次进行泥沙校准和水质校准。校准过程中应遵循以下原则：在时间顺序上，先进行年数据校准，然后依次进行月、日数据校准；在空间顺序上，先进行上游子流域校准，后进行中下游子流域校准。

在模型模拟的初期，很多模型参数处于未初始化的非正常状态，如模拟开始阶段的土壤含水量为零，此时的模拟结果误差很大。所以，SWAT 模拟过程中一般要设置模型预热期，以使模型逐渐初始化，使参数过度到符合研究区环境的正常状态。预热期模拟结果不能用来进行结果分析。本研究模拟的时间段是 1997～2010 年，其中 1997～1999 年为模型预热期。

本研究选用炼城水文站 2001 年和 2004 年实测流量值对模型径流过程进行校准和验证，其中 2001 年数据用于模型校准，2004 年数据用于验证。

经过 SWAT-CUP 的反复运行，径流校准期 R^2 和 Ens 分别达到了 0.93、0.86；验证期 R^2 和 Ens 分别为 0.94、0.67。一般认为，当 $R^2 > 0.6$ 且 $Ens > 0.5$ 时，认为模型是准确的，由此可见，模型径流率定的效果较为理想。图 5.10 和图 5.11 分别为校准期和验证期模拟值与实测值对比图。

表 5.9　SWAT 径流校准和验证结果

	校准期	验证期
R^2	0.9262	0.9444
Ens	0.8623	0.6673

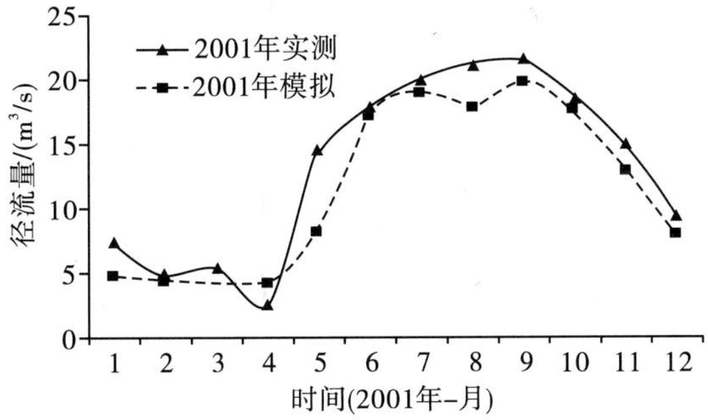

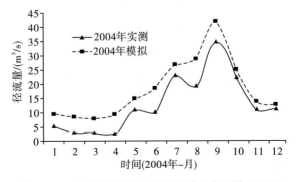

图 5.10　校准期月平均流量模拟值和实测值对比图

图 5.11　验证期月平均流量模拟值和实测值对比图

由于只有银桥村、莲河村、沙坪桥和江尾桥水质监测站实测的 TN、TP 浓度数据，且数据量有限，本研究只对氮、磷做简单的校准，校准方法为：用水质监测站实测的氮、磷浓度值和模型输出的该站点的月平均径流流量值，计算出该站点 TN、TP 月平均输送量；将计算出来的氮、磷输送量与模拟出的该站点的氮、磷输送量对比，对模型进行校准。

5.3　流域农业非点源污染模拟模型与 GIS 的集成原理与方法

当前的 GIS 软件没有非点源污染模拟模型那么详细的模拟分析功能以及动态显示功能，非点源污染模拟模型又没有 GIS 丰富的可视化表达功能。因此，把 GIS 软件和非点源污染模拟模型集成，就可以充分发挥各自的优势。鉴于 GIS 在各领域研究中越来越广泛的应用，GIS 和其他模型的集成就成了 GIS 领域的研究热点。GIS 与其他模型的集成可以分为以下三种模式，见图 5.12。

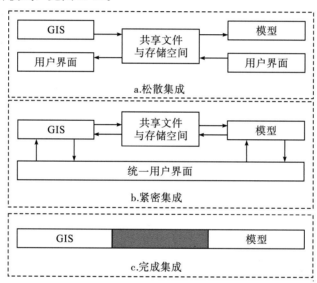

图 5.12　GIS 与其他模型三种集成方式

5.3.1　松散集成

松散集成是在现有技术的基础上，将 GIS 和非点源污染模拟模型联合应用解决问题的一种集成方式。这种集成实际上仅为概念上的集成，在技术层面不需要做任何操作，只需要为两者提供相匹配的数据格式即可。因此，松散集成又被称作文件级集成。模型软件使用 GIS 提供的数据进行模拟，模拟的结果交给 GIS 进行可视化表达。二者的用户界面是独立的，以能共同识别的数据格式文件进行数据交换，界面和数据结构都不是统一的。这种集成模式在模拟应用时不能进行交互操作，数据交换的效率也较低，应用不方便，也比较容易出错。

5.3.2　紧密集成

紧密集成是通过透明的数据交换机制，实现统一的用户界面和数据模型，集成双方实现了双向信息共享和统一内存消耗，用户通过 GIS 内置的交互组件访问模型。这种集成模式简化了 GIS 和模型之间的数据交换，减少了出错率。但其使用效率依然不是最高。

5.3.3　完全集成

完全集成是将 GIS 和模型分别作为集成软件的一部分，两者具有统一的用户界面和无缝的文件共享，共有统一的数据存储，双方都可以即时跟新或读取数据。用户可以即时观察模型运行过程中数据的变化。这种集成模式需要开发人员在 GIS 软件和模型两个领域具有协调的知识体系，需要较多的的时间和经费。

参 考 文 献

蔡永明，张科利，李双才. 2003. 不同粒径制间土壤质地资料的转换问题研究[J]. 土壤学报，40（4）：511-517.

陈端吕. 2006. 地理模型及 GIS 集成[J]. 地理空间信息，4（5）：7-9.

陈腊娇. 2004. 基于 SWAT 模型的土地利用/覆被变化产流产沙效应模拟——以陇东马莲河流域为例[D]. 金华：浙江师范大学.

陈媛，郭秀锐，程水源，等. 2012. 基于 SWAT 模型的三峡库区大流域不同土地利用情景对非点源污染的影响研究[J]. 农业环境科学学报，31（4）：798-806.

刘薇. 2008. 基于 SWAT 模型的非点源污染模拟研究及应用[D]. 南京：河海大学.

秦富仓，张丽娟，余新晓. 2010. SWAT 模型自动校准模块在云州水库流域参数率定研究[J]. 水土保持研究，17（2）：86-89，114.

王欢欢，陈世俭. 2011. 土地利用结构变化对非点源污染的影响研究[J]. 环境科学与技术，34（12H）：25-28.

王加胜. 2011. 智能体模型与 GIS 集成技术研究[D]. 昆明：云南师范大学.

王中根，刘昌明，黄友波，等. 2003. SWAT 模型的原理、结构及应用研究[J]. 地理科学进展，22（1）：79-86.

张攀攀，王义祥. 2010. GIS 与大气环境模型的集成及其应用[J]. 环境科学研究，（5）：575-580.

Arnold J G, Moriasi D N, Gassman P W, et al. 2012. SWAT-model use, calibration, and validation[J]. Transactions of the ASABE, 55（4）：1491-1508.

Eric D W, Zachary M E, Daniel R F, et al. 2011. Development and application of a physically based landscape water balance in the SWAT model[J]. Hydrological processes, 25（6）：915-925.

Pai N, Saraswat D, Srinivasan R, et al. 2012. Field _ LSWAT：A tool for mapping SWAT output to field boundaries[J]. Computers& geosciences, 40：175-184.

Shang X, Wang X, Zhang D L, et al. 2012. An improved SWAT-based computational framework for identifying critical source areas for agricultural pollution at the lake basin scale[J]. Ecological Modelling, 226：1-10.

Williams J R，Renard K G，Dyke P T. 1983. EPIC：A new method for assessing erosion's effect on soil productivity[J]. Journal of Soil and Water Conservation，38（5）：381-383.

Xie H，Lian Y. 2013. Uncertainty—based evaluation and comparison of SWAT and HSPF applications to the Illinois River Basin[J]. Journal of Hydrology，481：119-131.

Zhang Y Y，Xia J，Shao Q X，et al. 2013. Water quantity and quality simulation by improved SWAT in highly regulated Huai River Basin of China[J]. Stochastic environmental research and risk assessment，27（1）：11-27.

第六章　流域城市非点源污染模拟模型及其与 GIS 的集成

6.1　流域城市非点源污染模拟模型建立

近年来，随着城市的加速发展，污染问题越来越受到人们的关注。而在城市污染问题中，城市污水和工业废水等点源污染问题因其监控简单、处理方便已经得到了有效控制。城市非点源污染的问题就凸显了出来，并日益严重，成为了当前城市污染的主要问题，其形成机理的研究对污染监控、预防、治理都具有重要意义。城市非点源污染是指城市降水过程中，对大气的淋洗和冲刷以及城市地表各种污染物的累积引起的城市径流受纳水体污染，是城市水环境污染的重要因素。降水是城市非点源污染形成的动力，由此形成的城市径流就是非点源污染的迁移载体。因此，狭义的城市非点源污染定义为城市降雨径流形成的污染，它是城市非点源污染的最主要形式。

近年来，在城市非点源污染这一研究领域，国外专家学者不仅推出了很多新的模型，在模型检验和验证方面的研究也日益增加。Nouh 和 Al-Noman（2009）设置了两组回归模型，对城市非点源污染中的重金属浓度进行预测。国内对城市非点源污染的研究也有了很大进步，在研究降雨径流特性、城市地表下垫面性质和土地利用类型对非点源污染的影响机理和城市非点源污染种类的基础上，增加了模拟模型和模型验证的研究。同时还将水文水质模型与 GIS 等先进手段结合起来，综合运用来研究相关问题，逐步实现了与世界同行接轨。20 世纪 90 年代，施为光计算了不同降水强度下城市径流污染负荷，探讨了城市非点源污染负荷定量化研究的新方法。车伍等（2003）研究发现，城市降雨过程中污染物的总量在径流初期浓度较高，且污染物类型主要为 COD 和 TSS。王和意等（2006）分别使用 M（V）曲线和 EMC 等方法研究了不同初始冲刷定义情况下模拟结果的区别，得出结果表明，在初期的 30% 径流中携带 80% 的整个污染事件中的污染物总量，在初期径流污染物中采用这个定义比较合理，模拟的径流污染比较准确。董欣等（2008）发现了城市不透水表面径流模型主要有六个关键参数对模拟结果有较大的影响。陈桥等（2009）研究表明，城市非点源污染的主要来源是城市地表污染物。

本章使用集成平台，选用小区域城市为例，模拟城市汇水面积的污染物增长和冲刷，考虑了不同土地利用对污染物增长的影响，以及用于表示冲刷过程的事件平均浓度（EMC）和指数函数。在模拟中没有使用径流控制（即系统中没有 BMP 或者滞流）。

6.1.1　模拟情景概述

根据长期降水记录，多数暴雨很小，因此，以小尺寸频繁发生的暴雨考虑为主要数量的记录事件。正是这些暴雨，导致了城市汇水面积高比例的暴雨径流和污染负荷。研究区域面积如图 6.1 所示。

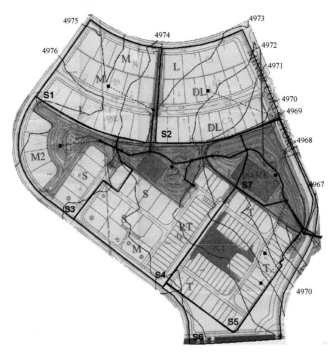

图 6.1　研究区面积示意图

为了探索暴雨容积对污染负荷的影响，本次模拟由两个较小尺寸两小时暴雨产生的径流负荷，具体容积分别为 0.1 英寸和 0.23 英寸。这两个较小暴雨五分钟强度的时间序列如表 6.1 所示。

表 6.1　0.1 英寸和 0.23 英寸的降雨时间序列

时间/min	0.1 英寸/ (in/h)	0.23 英寸/ (in/h)	时间/min	0.1 英寸/ (in/h)	0.23 英寸/ (in/h)
0:00	0.030	0.068	1:00	0.020	0.047
0:05	0.034	0.078	1:05	0.019	0.045
0:10	0.039	0.089	1:10	0.018	0.042
0:15	0.065	0.150	1:15	0.017	0.040
0:20	0.083	0.190	1:20	0.017	0.040
0:25	0.160	0.369	1:25	0.016	0.038
0:30	0.291	0.670	1:30	0.015	0.035
0:35	0.121	0.277	1:35	0.015	0.035
0:40	0.073	0.167	1:40	0.014	0.033
0:45	0.043	0.099	1:45	0.014	0.033
0:50	0.036	0.082	1:50	0.013	0.031
0:55	0.031	0.071	1:55	0.013	0.031

6.1.2 系统表示

本集成平台利用几个专门化的对象和方法，表示城市径流的水质。这些工具很灵活，可以模拟增长和冲刷过程的变化，但是为了产生符合实际的结果，它们必须通过校验数据支撑。以下是集成平台模拟水质的对象和方法简要描述。

1. 污染物

污染物是用户指定的污染物，在汇水区域表面增长，并在径流事件中冲刷和迁移。本平台可以模拟任何数量用户指定的污染物产生、冲刷和迁移。定义的每一污染物通过名称和浓度单位识别。外部使用水源的污染物浓度，可以直接添加到模型（例如雨水中的浓度、地下水和进流/渗入源头）。由径流产生的浓度通过平台内部计算。利用协同污染物和协同分数选项，也可以定义两种污染物之间的依赖性（例如铅可以是悬浮固体浓度的恒定分数）。

2. 土地利用

土地利用刻画了汇水面积内对污染物产生具有不同影响的活动（例如住宅、商业、工业等）。它们用于表示污染物增长/冲刷速率的空间变化，以及子汇水面积内街道清扫（如果使用）的影响。子汇水面积可分为一种或者多种土地利用。该划分的完成，独立于渗透和不渗透子面积，以及子汇水面积中的所有土地利用假设包含了渗透和不渗透面积的相同分隔。各种土地利用的百分比赋给子汇水面积，不必总和达到 100。任何没有指定土地利用的剩余面积，不贡献污染负荷。

3. 增长

给定土地利用的增长函数，指定了旱季污染物加入土地表面的速率，这将在径流事件中用于冲刷。子汇水面积内的总增长表达为质量每单位面积（例如 lb/英亩）或者质量每单位边石长度（例如 lb/英里）。对于每种污染物和土地利用，可以定义各自的增长速率。为了模拟增长，平台中提供了三个选项：幂函数、指数函数和饱和函数。这些公式的采用，通过利用合适的参数，达到各种类型的增长行为，例如线性速率增长或者下降速率增长。

整个子汇水面积初始污染物负荷的定义是一种可选项，为了利用增长函数模拟单个事件。初始负荷是模拟开始时整个子汇水面积的污染物量，单位为质量每单位面积。该可选项更适合于单个事件的模拟，以及重载任何前期干旱日内计算的初始增长。

4. 冲刷

冲刷是雨季事件中子汇水面积地表污染物侵蚀、运动和/或溶解的过程。三个选择可用在集成平台中，表示每一污染物和土地利用的冲刷过程：事件平均浓度（EMC）、性能曲线和指数函数。这三种函数之间的主要差异总结如下。

EMC 假设每一污染物在整个模拟中具有恒定的径流浓度。

性能曲线产生了冲刷负荷，它仅仅是径流量的函数，这意味着它们在相同流量下模拟相同的冲刷，忽略暴雨中流量发生的时间。

指数曲线不同于性能曲线，因为冲刷负荷不仅是径流量的函数，而且是汇水流域剩余污染物量的函数。

当 EMC 或者性能曲线用于表示污染物浓度时，不需要增长函数。如果使用了增长函数，忽略冲刷函数时，增长随着冲刷过程持续下降；当没有更多剩余增长时，冲刷停止。

因为性能曲线没有使用剩余的增长量作为限制因素，与指数曲线相比，在暴雨事件的结束时，考虑了地表剩余增长的量，它们趋向于产生较高的污染物负荷。该差异对于大型暴雨事件尤为重要，其中一些增长可能在早期阶段被冲刷。

污染物从子汇水面积冲刷之后进入输送系统，通过管渠迁移，由流量演算结果确定。它们可能经历了一级衰减，或者在特定定义了处理函数的节点处降低。

5. 地表污染物的减少

集成平台使用两种在子汇水面积内降低地表污染物负荷的过程。它们是：

BMP 处理：该机制假设一些类型的 BMP 用于子汇水面积，通过恒定去除分数，减少了它的常规冲刷负荷。在本例中没有涉及 BMP 处理。

街道清扫：可以为每一土地利用定义街道清扫，它的模拟在第一次暴雨事件开始之前，以及在下一事件之间并行于增长。街道清扫通过四个参数定义，用于计算暴雨开始时地表剩余污染物负荷：①街道清扫之间的天数；②用于清扫去除的增长分数；③模拟开始时最后一次清扫后的天数；④街道清扫去除效率（百分比）。

6.1.3　模型设置

本例中将仅仅考虑总悬浮固体（TSS）作为唯一的水质成分。TSS 是城市雨水中最常见的污染物之一，它的浓度通常很高。美国 EPA（1983）报告 TSS EMC 的范围在 180～548 mg/L，UDFCD（2001）报告数值在 225 mg/L 和 400 mg/L 之间，取决于土地利用。与 TSS 相关的固体也包括有毒成分，例如重金属和吸附的有机物。为了考虑开发后场地内 TSS 的增长、冲刷和迁移，下面讨论怎么建立模拟模型。

1. 污染物和土地利用定义

将 TSS 定义为水质类型中新的污染物。它的浓度单位为 mg/L，假设在雨水中少量存在（10 mg/L）。本例中没有考虑地下水的浓度和一级衰减，也没有定义 TSS 的任何协同污染物。

污染物在设置参数中"污染物"页下定义。新的污染物定义需要的最小数据量为名称和浓度单位。其他特性包括各种外部（非增长）源头（雨水、地下水和 RDII）的污染物浓度，它的一级衰减系数（日）以及增长依赖的协同污染物。污染物定义如图 6.2 所示。

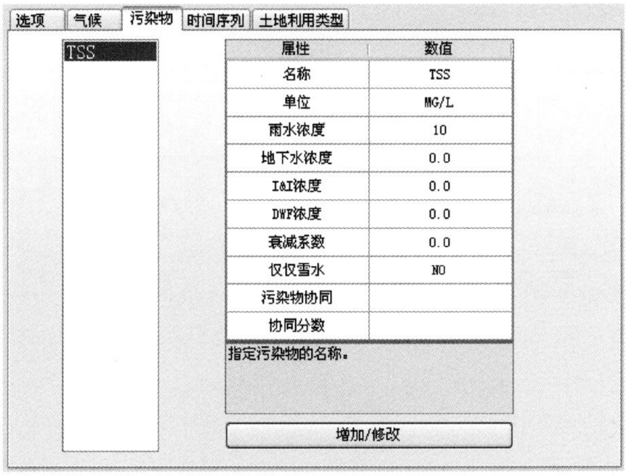

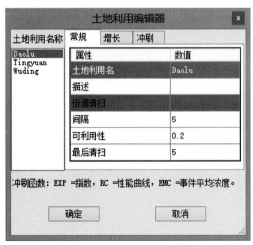

图 6.2 污染物参数设置

土地利用在设置参数中"土地利用类型"页下定义，不同的土地利用将产生不同速率的污染物。土地利用属性分为三类：常用、增长和冲刷。常用标签包含了土地利用名称和特殊土地利用的街道清扫细节。增长标签用于选择增长函数、它的参数、通过土地利用产生的每一污染物。正规化变量（总边石长度或者面积）的选择也在这里定义。最后，冲刷标签用于定义土地利用产生的每一污染物的冲刷函数及其参数，以及街道清扫和 BMP 的去除效率。

本次模拟将考虑三种不同类型的土地利用：Residential _ 1，Residential _ 2 和 Commercial。Residential _ 1 土地利用用于低中密度的住宅区（地块类型"L"，"M"和"M2"），同时 Residential _ 2 土地利用用于高密度公寓和复式的（地块类型"DL"和"S"）地块。Commercial 土地利用将用于地块类型"T"和"RT"。土地利用类型定义如图 6.3 所示。

图 6.3 土地利用类型参数设置

每一汇水面积的土地利用见表 6.2。

表 6.2　每一汇水面积的土地利用

子汇水面积	边石长度	Residential_1/%	Residential_2/%	Commercial/%
1	1680	100	0	0
2	1680	27	73	0
3	930	27	32	0
4	2250	9	30	26
5	2480	0	0	98
6	1100	0	0	100
7	565	0	0	0

2. 指定增长函数

为了刻画旱季 TSS 的累积，需要选择增长公式之一。但是，即使数据是可用的，增长公式的选择也是不确定的。文献中的多数增长数据是随时间的线性增长，但该线性假设不总是真实的（Sartor，Boyd，1972），增长速率趋向于随着时间降低。于是，本例将利用具有参数 C_1（最大增长可能）和 C_2（增长速率常数）的指数曲线，将增长速率 B 表示为时间 t 的函数：

$$B = C_1 (1 - e^{-C_2 t}) \tag{6.1}$$

TSS 的增长数据说明，商业和住宅区域趋向于产生类似量的灰尘，构成了 TSS（同情况具有很大变化）。类似地，与低密度住宅区相比，高密度住宅区趋向于产生更多的污染物。根据 Manning 等（1977）的研究，灰尘增长速率的典型数值，如表 6.3 所示。

表 6.3　典型灰尘增长速率（**Manning et al.，1977**）

土地利用	均值/（lb/curb-m/day）	范围/（lb/curb-m/day）
商业区	116	3~365
多家庭住宅区	113	8~770
单家庭住宅区	62	3~950

表 6.4 说明了对于前面定义的每一土地利用，公式（6.1）中使用的参数 C_1 和 C_2。具有这些参数的指数增长模型如图 6.4 所示。软件中，每一土地利用定义的增长函数及其参数在土地利用参数设置的"增长"页中。这里使用的增长函数为 Exp（指数增长），常数 C_1 在最大增长域中输入，常数 C_2 在速率常数域中输入。当使用指数模型时，没有定义幂/饱和常数域。

表 6.4　TSS 增长的参数

土地利用	C_1/（lb/curb-ft）	C_2/（L/day）
Residential_1	0.11	0.5
Residential_2	0.13	0.5
Commercial	0.15	0.2

通过边石长度（通常更多的文献数据采用单位长度的街道/边沟而不是单位面积），所有子汇水面积中的增长将在该例中正规化。对于土地利用参数设置中的每一土地利用，该选项被指定。边石长度通过地图数据确定，它们应类似于表 6.2 中所列的那些，这些数值通过属性编辑器赋给每一子汇水面积。边石长度单位（例如英尺或米）必须与土地

利用参数设置增长速率中使用的相一致（例如 lbs/curb-ft 或 kg/curb-m）；在这两个系统之间单位不能够混用。

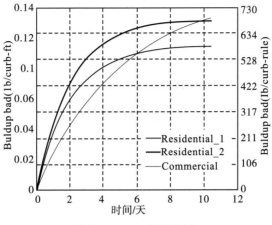

图 6.4　TSS 增长曲线

最后为了开始利用已经存在的一些初始增长模拟，假设在模拟开始之前具有 5 日前期干旱条件。程序将该时间间隔用于 TSS 增长函数，为了计算每一子汇水面积上 TSS 的初始负荷。前期干旱天数参数在参数设置选项对话框页内指定。

3. 指定冲刷函数

本例使用两种方法模拟冲刷：EMC 和指数冲刷公式。以下解释怎样将它们添加到模型中。

1）EMC

EMC 的估计可以从 EPA 执行的城市径流程序（NURP）获得（U. S. EPA，1983）。根据该项研究，城市场地观测的 TSS EMC 中值为 100mg/L。根据一般观测，住宅和商业区产生了类似的污染负荷；考虑到土地利用的差异，本例使用表 6.5 中的 EMC。这些 EMC 利用土地利用参数设置的冲刷页输入进模型。函数域的进口为 EMC，将表 6.5 的浓度输入到系数域，剩余域可以设置为 0。

2）指数冲刷

根据沉积物迁移理论，指数 C_2 的数值范围应在 $1.1 \sim 2.6$，多数接近 2（Vanoni，1975）。因为商业和高密度住宅区域（土地利用 Commercial 和 Residential _ 2）与单个住宅的面积（Resiential _ 1）相比具有较高的不渗透性，可以假设其趋向于更快地释放污染物。于是 C_2 在 Residentail _ 2 和 Commercial 土地利用中取 2.2；Residential _ 1 土地利用中取 1.8。

冲刷系数（C_1）的数值更难以断定，因为它们的变化为 3 或 4 个量级，该变化在城市区域是很显著的。监视数据用于协助估计该常数数值。当前的例子假设对于 Residential _ 2 和 Commercial，C_1 等于 40；对于土地利用 Residential _ 1，C_1 等于 20。

表 6.5 总结了指数冲刷下每一土地利用使用的 C_1 和 C_2 系数。这些利用土地利用参数设置冲刷页输入到模型。函数域的入口为 EXP，来自表 6.5 的 C_1 数值输入到系数域，C_2

输入到指数域，剩余域设置为 0。

表 6.5　每一土地利用类型的冲刷特性

土地利用	EMC/（mg/L）	$C_1/\left[\text{（in/h）}^{-C_2}/\text{sec}\right]$	C_2
Residential _ 1	160	20	1.8
Residential _ 2	200	40	2.2
Commercial	180	40	2.2

6.1.4　模拟结果

本次实验对 0.1 英寸、0.23 英寸和 2 年降雨事件进行了 EMC 冲刷模型和指数冲刷模型模拟，模拟分析选项如下：

模拟时段：12 小时；

前期干旱天数：5；

演算方法：动态波；

演算时间步长：15 秒；

雨季时间步长：1 分钟；

旱季时间步长：1 小时；

报告时间步长：1 分钟。

1.　模拟结果报告

该次模拟产生了径流水质状态报告，包括整个研究面积的径流水质连续性平衡、水质演算连续性平衡、每一子汇水面积冲刷污染物负荷的总结以及通过排放口离开系统的总负荷。报告界面如图 6.5 所示。

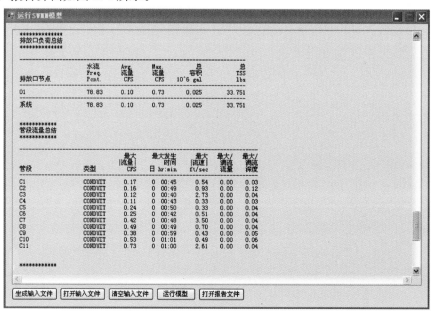

图 6.5　模型模拟报告界面图

2. EMC 冲刷结果

对于 0.1 英寸（图 6.6）和 0.23 英寸（图 6.7）暴雨，图 6.6 和图 6.7 说明了不同子汇水面积模拟的径流浓度。浓度是常数，对应于雨水中恒定浓度（10 mg/L）与每一子汇水面积内赋给的土地利用 EMC 之和。一旦地表径流停止，TSS 浓度变为零。这就是为什么在子汇水面积 S7 没有显示浓度，因为它没有产生径流（所有降雨渗入）。注意对于 EMC 冲刷，暴雨的尺寸对子汇水面积的径流浓度没有影响。

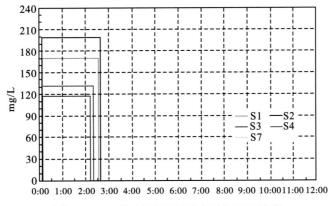

图 6.6　0.1 英寸暴雨 EMC 冲刷的 TSS 浓度

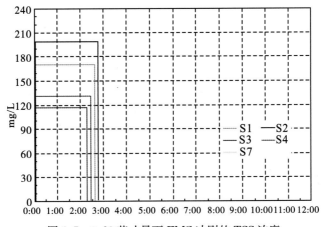

图 6.7　0.23 英寸暴雨 EMC 冲刷的 TSS 浓度

图 6.8 说明三种暴雨事件（0.1 英寸，0.23 英寸和 2 年暴雨）下研究面积出水口模拟 TSS 随时间的浓度（浓度过程线）。出水口浓度反映了每一子汇水面积产生 TSS 冲刷的混合效应。污染过程线的高峰浓度和形状很类似。与单个汇水面积产生的冲刷浓度比较（图 6.6 和 6.7），出水口浓度不是常数，但是随时间在减缓。该减缓主要由较长的冲刷时间造成，来自较低 EMC 子汇水面积径流到达出水口需要的时间（例如 S3 和 S4）。一些也是模型中数值离散的结果，由于每一输送管渠在污染物演算过程中的完全混合假设。

同时，图 6.9 也说明对于暴雨事件结束之后的延长阶段，TSS 的浓度继续出现在出水口。这是流量演算过程的假象，其中管渠连续输送很少量的水，其浓度仍旧反映了较高的 EMC 水平。于是尽管浓度显得很高，由这些小流量输送质量负荷是可忽略的。对于给定暴雨，显然出水过程线沿着出水负荷过程线绘制。负荷过程线是浓度乘以流量随时间的变化图。对 0.1 英寸时间的例子，如图 6.9 所示。该图是绘制的流量和负荷随时间的变化，汇水面积 TSS 负荷以与总径流量相同的方式下降。

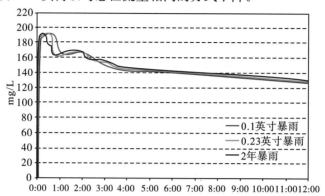

图 6.8　0.1 英寸暴雨 EMC 冲刷的出水口径流量和 TSS 负荷

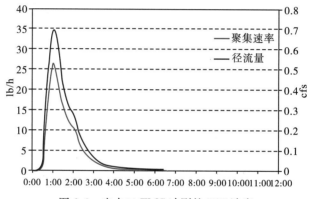

图 6.9　出水口 EMC 冲刷的 TSS 浓度

3. 指数冲刷结果

图 6.10 说明了采用 0.1 英寸暴雨指数冲刷，不同子汇水面积径流中模拟的 TSS 浓度。与 EMC 结果不同，这些浓度在整个径流事件中发生变化，取决于径流量和保留在子汇水面积表面的污染物质量。图 6.11 说明了 0.23 英寸暴雨指数冲刷。其和 0.1 英寸暴雨获得的结果有两个显著差异，最大 TSS 浓度较大（大约 10 倍），TSS 的产生更快，显示为较尖锐的高峰污染过程线。最后，图 6.12 说明了 1 英寸 2 年暴雨具有相同图形，TSS 浓度略高于 0.23 英寸暴雨，但是远小于 0.1 英寸与 0.23 英寸暴雨之间的差异。类似的结果也出现在流域出水口所产生的污染过程线，见图 6.13。

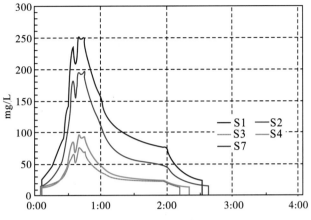

图 6.10　0.1 英寸暴雨指数冲刷的 TSS 浓度

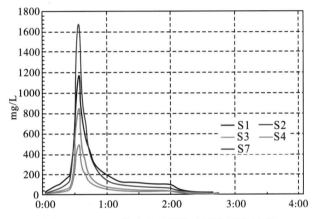

图 6.11　0.23 英寸暴雨指数冲刷的 TSS 浓度

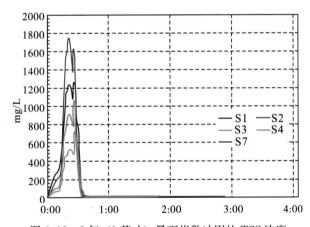

图 6.12　2 年（1 英寸）暴雨指数冲刷的 TSS 浓度

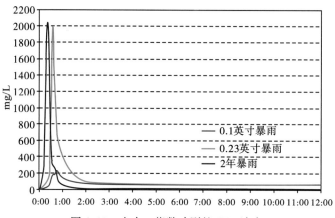

图 6.13 出水口指数冲刷的 TSS 浓度

尽管 EMC 和指数冲刷模型没有直接可比性，但可以计算两个模型中每一子汇水面积径流中的平均时间浓度。计算得出的 0.23 英寸暴雨情况下结果均值如表 6.6 所示。这里应注意的是，即使由两个模型产生的污染过程线看上去差异很大，选择合适的系数，也可能获得类似的事件平均浓度。尽管指数模型的结果更加受欢迎，但污染物怎样在流域冲刷，因缺少现场测试，并不能说其更为精确。当前除非数据可用于估计和校验更先进的增长和冲刷模型所需要的系数，多数模拟人员仍趋向于利用 EMC 方法进行模拟计算。

表 6.6　0.23 英寸事件的平均 TSS 浓度

子汇水面积	EMC 模型/（mg/L）	指数模型/（mg/L）
S1	170	180.4
S2	199.2	163.6
S3	117.2	67.7
S4	131.2	91.4
S7	0	0

6.1.5　总结

本应用示例利用集成平台模拟不具有任何源头或者区域性 BMP 控制的城市汇水面积内雨水径流的水质。利用一种增长方法（指数）和两种不同的冲刷方法（EMC 和指数）对一种污染物（TSS）进行了模拟。本例说明的关键点为：

（1）本平台通过定义污染物、土地利用、污染物增长和污染物冲刷模拟径流水质。可以模拟任何数量用户定义的污染物和土地利用。每一土地利用定义了污染物增长和冲刷参数，每一子汇水面积可以赋值多于一种土地利用。

（2）模拟污染物增长和冲刷具有几种选项。增长表达式通过增长速率和最大可能增长，单位面积或者边石长度来定义。污染物冲刷可以通过事件平均浓度（EMC）、性能曲线或者指数函数定义。指数方法是唯一直接取决于地表剩余增长量的方法。性能曲线计算仅仅取决于子汇水面积上的径流，而 EMC 在模拟中具有恒定浓度。

（3）指数冲刷产生了具有上升和下降部分的径流污染过程线，与径流水文过程线类似。在整个事件中 EMC 污染过程线是平缓的。

（4）小型暴雨对受纳水体具有很大影响，因为它们更加频繁，仍然可以产生显著的冲刷浓度。

6.2　流域城市非点源污染模拟模型验证

SWMM 模型参数的合理性验证可以采取以下方法，在研究区的一个出水口（例如 out1），对某场降雨中 ρ（TSS）、ρ（COD）、ρ（TN）和 ρ（TP）等的变化过程进行监测，共取样 7 次，前 4 次隔 5 min 取样一次，后 3 次隔 15 min 取样一次，采样持续时间为 60 min。取样后立即运送至实验室进行分析检测。利用 SWMM 模型对该场次降雨进行模拟，得出结果后将模拟数据与监测数据对比。所建模型的可靠性程度用相对误差检验，检验公式如下：

$$RE = \left[\sum_{i=1}^{m} \left(\frac{y_i - \hat{y}_i}{y_i} \right) \div m \right] \times 100\% \tag{6.2}$$

式中，RE 为平均相对误差，y_i 为水质实测值，$\hat{y}_i$ 为模型模拟值，m 为采样次数。计算结果可以显示 SWMM 模型中 ρ（TSS）、ρ（COD）、ρ（TN）和 ρ（TP）等的模拟值与实测值的相对误差。如果误差均在可接受范围内，则可认为针对该研究所设定的 SWMM 模型各项参数均较为合理，所构建的 SWMM 模型准确可靠，可以用于不同降雨情景下各污染物负荷量及污染物负荷累积变化过程的模拟。

6.3　流域城市非点源污染模拟模型与 GIS 的集成原理与方法

6.3.1　SWMM 模型与 GIS 空间分析模型的比较

SWMM 模型与 GIS 空间分析功能之间的区别和联系，见表 6.7。

表 6.7　SWMM 模型与 GIS 空间分析模型的比较

	SWMM 模型	GIS 空间分析模型
静态/动态	动态模型，可以模拟某一地理现象随时间变化的趋势，可以动态查看连续时间内模拟结果的变化	静态模型，空间分析产生的结果只能以表格、图标或者文档形式存在，只能查看某一时间点的结果
优点	可以对水文水质现象进行详细模拟，研究不同条件对结果产生的影响	可以从空间数据中提取隐性的空间信息，并有丰富的可视化方法
缺点	图形显示没有与地理实体建立联系，没有分析空间位置关系的能力	缺少时间属性的表示，分析结果只能显示特定时间点的数据，不能形成连续的视觉效果

GIS 与 SWMM 模型在城市非点源污染模拟研究中具有各自独特的优势，但是在应用中又存在各自的不足之处，例如 GIS 的水文分析模块应用范围仅仅限于人尺度的水文分析模拟，对短时间的、小尺度的水文模拟分析能力很有限；而 SWMM 模型注重模型的模拟结果，但对城市非点源污染的模拟结果缺乏可用的展示功能，这方面表现欠佳。通过将 GIS 的空间分析、结果可视化的优势与 SWMM 模型的模拟精度的优势相结合，不仅能够充分发挥各自的优势，而且能实现相互之间的优势互补，这将对城市非点源污

染研究的精度、专题分析和结果的可视化展示具有显著的提升作用。

在城市非点源污染模拟研究中，GIS 与 SWMM 模型之间的相互融合主要表现在以下几个方面：

数据的融合：将 GIS 的矢量格式数据与基于 SWMM 模型构建的城市非点源污染模型数据进行融合，不仅能实现对城市排水管网模型数据的拓扑规则检查，从而确保管网数据的一致性和完整性，实现两种数据之间的交互，而且还能提升非点源污染模型构建的效率与模型模拟的精度。

模型的可视化模拟：GIS 具有二维、三维数据分析和展示的能力，能够为模型模拟的结果提供可视化的展示平台，将 GIS 与 SWMM 模型进行相互融合，能为精确的非点源污染模拟结果提供可视化的展示效果，有助于与对城市非点源污染的发生过程进行动态表达。

非点源污染专题模拟分析：将 GIS 的空间分析功能与 SWMM 模型的城市非点源污染模拟结果进行融合，可以实现对城市非点源污染模拟的专题扩展分析，例如将城市的人口、经济分布情况和非点源污染排放数据与 SWMM 城市非点源污染的模拟结果进行叠加，可以进行诸如城市排水管网评估与城市扩张对污染物扩散影响等专题的研究。

从上述几个方面可看出，将 GIS 在空间数据的可视化管理存储与空间分析的能力与 SWMM 模型专业的城市水文分析功能进行融合，不仅能够解决城市非点源污染模拟研究中各种空间数据和属性数据的存储、管理以及城市非点源污染模型的建模、非点源污染模拟结果的分析等问题，而且也为新技术融合的背景下城市非点源污染模拟研究提供了全新的思路和解决方案。

因此，将 SWMM 模型与 GIS 集成，可以发挥两者的优势，弥补两者的不足，将 SWMM 模型的图形显示与地理实体建立联系，使用 GIS 强大的空间分析表达功能，对模拟结果进行分析并可视化，同时，可以扩展 GIS 动态显示的能力。

6.3.2　SWMM 模型与 GIS 集成目标

地理信息系统（GIS）将表征不同类型或主题的空间数据分要素按图层进行存储。并且针对地理信息系统的数据结构，可将空间数据分为矢量数据和栅格数据。矢量数据结构由点、线、面三种类型组成。栅格数据结构由规则的栅格阵列来表示空间实体或现象的分布。矢量数据结构表示地理实体是通过坐标的方式进行的，通过连续坐标的定义，可以精确表示任意位置、形状、大小的地理实体。而从空间数据的类型来说，它还可以分为图形数据和属性数据，地理信息系统中最具有优势的一点是可以通过图形数据直观地表示地理实体之间的空间位置关系，包括度量、拓扑等。因此，地理信息系统最重要的优势就是具有其他信息系统所不具有的空间分析和空间表达能力。

对 SWMM 模型来说，代表地图示意的可视化对象和代表相关参数的非可视化对象是它的基本组成成分。其最大的特点就是通过系列函数模型，模拟某一要素的时间变化过程。但是 SWMM 模型对输入数据的要求极为严格，格式需要统一，所以在进行模拟前要花费大量的时间进行数据处理。而且 SWMM 模型模拟结果是以文本方式提供给用户，尽管也提供了基本的分析功能，但仅为一些单一要素的统计。SWMM 模型的缺点在于仅能够反映数量指标，缺乏丰富的空间分析和空间可视化能力。

SWMM 模型与 GIS 的集成的目标就是要实现 SWMM 模型输入数据在 GIS 平台上的处理和输入以及结果数据在 GIS 平台上的可视化和统计分析，把 SWMM 模型的参数数据和地理空间实体联系起来，扩充 GIS 的水文水质模拟的能力和增强 SWMM 模型的空间分析能力，使得研究人员不仅能更方便快捷地处理和输入 SWMM 模型输入数据，还能更直观地看到模拟完成的结果数据并进行结果数据的统计分析。

6.3.3　SWMM 模型与 GIS 集成原理

SWMM 模型和 GIS 集成的目标是将 GIS 平台作为 SWMM 模型的参数输入平台，显示平台以及统计分析平台，而 SWMM 模型作为 GIS 的水文水质模拟模块。为了达到这一目标，需要将两者通过中间键关联起来。通过对 ArcGIS 平台和 EPA SWMM 平台的研究发现，ArcGIS 提供组件式开发工具包 ArcGIS Engine，而 EPA SWMM 提供动态链接库 dll。

ArcGIS Engine 的功能是在开发人员不应用 ArcGIS Desktop 的基础上，通过不同的开发环境和开发语言，搭建独立的 GIS 应用界面，实现 GIS 的功能。ArcGIS Engine 的组成包括一个软件开发工具包和一个运行时（runtime）组成，开发工具包提供 GIS 的功能组件，运行时是可以重新分发的，为搭建的 ArcGIS 应用程序提供平台。ArcGIS Engine 从逻辑结构上可以分为五个部分，分别是基本服务组件（Base Services）、数据存取组件（Data Access）、地图表达组件（Map Presentation）、开发组件（Developer Components）和运行时选项（Runtime Option）。它提供 MapControl、TOCControl、ToolbarControl、PageLayoutControl、GlobeControl、SceneControl、ReaderControl 等实现 GIS 显示、数据编辑、查询统计、空间分析等功能的可视化组件。开发人员可以使用 VB、.net、Java 等不同的开发语言在诸如 VB、Visual Studio、Eclipse 等集成开发环境下建立通用的 GIS 应用程序，搭建 GIS 平台。

SWMM 的动态链接库 dll 包含了控制 SWMM 模型运行的 swmm_open，swmm_start，swmm_end 等函数。它允许开发人员通过特定的参数，在不打开模型界面的情况下，后台调用 SWMM 计算引擎。同时，它同样支持通过集成开发环境（IDE）使用。

综上所述，SWMM 模型与 GIS 集成的原理可以用图 6.14 表示。利用 ArcGIS Engine 开发 SWMM 模型参数的输入平台，包括土地利用类型、污染物参数、水文气象参数等。将 SWMM 模型需要的参数数据以及汇水区数据存入数据库或者文件。然后编程调用这些数据，按照 SWMM 模型要求的格式生成 .inp 输入文件，通过 .dll 动态链接库调用 SWMM Engine 计算引擎，进行水文水质模拟，得到 .out 结果文件和 .rpt 报告文件，存入数据库或者文件。最后，利用 ArcGIS Engine 开发结果表达平台，并在此基础上实现查询、统计、分析功能。

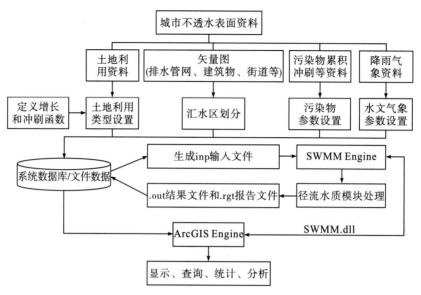

图 6.14　SWMM 与 GIS 集成原理

6.3.4　SWMM 模型与 GIS 集成方式

按照集成的耦合程度，同其他模型与 GIS 集成一样，SWMM 模型与 GIS 集成可以分为松散集成、紧密集成、完全集成三种方式。

1. 松散集成

松散集成是在现有技术的基础上，将地理信息系统和 SWMM 模型系统结合起来应用，来解决问题的一种方式。SWMM 模型读取 GIS 提供的输出数据完成模拟，模拟结果再交由 GIS 进行表达，并进行分析。这种集成方式本质上仅为一种概念集成，不需要在技术上做任何工作，只需要提供双方共同支持的数据格式即可。两者是独立运行的，没有统一的用户界面，也没有统一的数据结构，仅以共同识别的数据文件进行数据交换。模拟过程中不能进行交互操作，数据交换的效率也较低，应用不方便，也比较容易出错。

SWMM 模型与 GIS 的松散集成模式如图 6.15 所示：

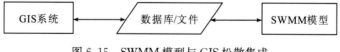

图 6.15　SWMM 模型与 GIS 松散集成

可以看出数据是实现 SWMM 模型与 GIS 松散集成的关键，需要两者共同识别的数据类型作为中介。ASCII 文本文件因其良好的通用性，通常作为这种集成方式中的中间文件。GIS 的数据写入 ASCII 文本文件，读入模型进行模拟，模拟计算完成后，模拟结果再写入 ASCII 文本文件，交由 GIS 读取并表达。

2. 紧密集成

紧密集成是通过透明的数据交换机制，实现统一的用户界面和数据模型，集成双方实现了双向信息共享和统一内存消耗，用户通过 GIS 内置的交互组件访问模型。这种集成模式简化了 GIS 和模型之间的数据交换，减少了出错率。

SWMM 模型与 GIS 的紧密集成模式如图 6.16 所示。

图 6.16　SWMM 模型与 GIS 紧密集成

紧密集成的具体实现是开发独立的 GIS 应用程序和 SWMM 应用程序，将其中的一个作为主应用程序，具有统一的程序界面，也就是用户看到的界面。在这个主应用程序的界面中，设计可以调用另外一个程序的交互选项（按钮或菜单）。通过交互打开另一应用程序，两个应用程序根据模拟选项自动加载同一个数据文件。这种方式不需要手动的数据交换操作，可以有效地提高数据交换效率，减少出错率。

3. 完全集成

完全集成是将 GIS 和模型分别作为集成软件的一部分，两者具有统一的用户界面和无缝的文件共享，共有统一的数据存储，双方都可以即时跟新或读取数据。用户可以即时观察模型运行过程中数据的变化。这种集成模式需要开发人员在 GIS 软件和模型两个领域具有协调的知识体系。

SWMM 模型与 GIS 的完全集成模式如图 6.17 所示。

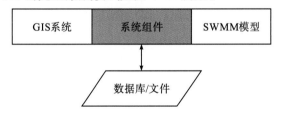

图 6.17　SWMM 模型与 GIS 的完全集成

要实现模型的完全集成需要解决的问题包括以下几方面：

数据读写共享：集成平台的数据读写模块应该是统一的，要区别于另外两种集成方式的多次分别读写数据。SWMM 模块和 GIS 模块对数据的读写都是直接进行的，不需要进行任何多余的操作。否则，仅仅把两个模块整合在一起，就只是实现了名义上的完全集成，而实际上仍然只是紧密集成。

SWMM 模型数据和现实地理实体的关联：SWMM 模型和 GIS 集成的目标之一就是将经 SWMM 模型的数据和现实地理实体关联起来。因此，这是完全集成必须解决的一个关键问题。

集成平台的通用性：SWMM 模型是多功能、多用途的。不同的模拟情景需要建立不同的 SWMM 模型，而不同的 SWMM 模型就有不同的数据需求、不同的参数设置选项和不同的统计分析选项。如果开发的集成平台只能适用一个模型，当模拟新的情景时，就需要另外开发新的平台，费时费力。因此，建立的集成平台要具有通用性，可以应用在不同情景的模型模拟。

6.3.5　SWMM 模型与 GIS 集成实现

由于当前的 SWMM 模型与 GIS 集成软件在空间分析功能方面的不足，选择紧密集成方法完成 GIS 与 SWMM 模型的集成。这种集成的目标是实现 SWMM 模型和 GIS 功能的优势互补，使用户不需要考虑数据的显示及空间分析，只需要考虑 SWMM 模型构建。

1.　集成平台的功能设计

系统集成平台功能结构图如图 6.18 所示。平台包括四个方面的开发：用户界面、GIS 功能模块、SWMM 模型功能模块和数据互操作模块。其中，SWMM 模型模拟模块是水文水质模拟工具的基本功能，只需要提供参数的输入和输入文件的生成便可实现。

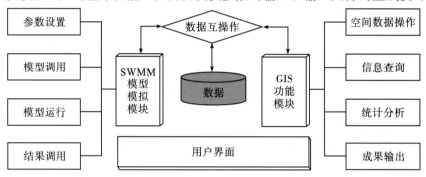

图 6.18　SWMM 模型与 GIS 集成功能结构

2.　集成平台开发环境选择

1）开发语言选择

鉴于集成所采用的 SWMM 5.0 版本包括采用 C 语言编写的具有独立平台的计算引擎 SWMM Engine 和采用 Delphi 编写的界面平台。其中计算引擎 SWMM Engine 提供了动态链接库 DLL，包含许多可被其他程序调用的函数，支持在 C、C++、Visual Basic、.Net，Delphi 平台下的调用。

ArcGIS 提供组件式开发方式 ArcGIS Engine Developer kit，GIS 的开发包支持的语言主要有 Java、.Net、C++、VB 等。其中，Java 和 .Net 平台具有丰富的界面框架设计功能，集成平台的设计中重要的一项就是突出模型模拟结果的展示。因此，可以选择 Java 和 .Net 平台进行开发。

鉴于笔者对各种开发语言的熟悉程度，和前期所做开发实践的支撑，本研究选择 .net 平台进行开发。而 SWMM Engine 的 dll 和 ArcGIS Engine Developer kit 对 VB.net 语言都有良好的支持，因此最终决定选择 VB.net 语言完成开发工作。

2）SWMM 模型的选择

SWMM 模型平台当前最新版本是 SWMM Version 5.0。它能提供友好的可视化交互界面和方便的处理功能，实现径流要素的颜色渲染、地图的导入导出、时间序列图的绘制、结果表格的生成、径流管道断面图绘制和相关数据的统计。是由美国环境保护局国家风险管理研究实验室供水和水资源分部，在 CDM 咨询公司协助下开发的。在国内由同济大学环境科学与工程学院得到官方授权汉化，发布了 SWMMH 5.0 版本，在这个版本中，模型界面、使用手册以及开源程序的说明等都进行了汉化。因此，SWMM 模型选择汉化版本的 SWMMH 5.0。

　　3）GIS 开发环境的选择

　　ArcGIS 是当前最流行的 GIS 软件之一，由美国 ESRI（美国环境系统研究所）公司推出。可以为不同需求层次的用户提供可定制的、全面的 GIS 解决方案。ESRI 是世界最大的地理信息系统技术提供商，而 ArcGIS 代表着当前 GIS 行业的最高水平。ArcGIS 是一个可伸缩的平台，包含了桌面 GIS、服务端 GIS 和移动 GIS 在内的一系列部署 GIS 的框架。这些框架可以单独使用，也可以一起配合使用，可以为不同需求层次的用户提供适合的解决途径。

　　ESRI 在推出 ArcGIS 9.0 版本的时候，开始推出一个新的二次开发功能组件包 ArcGIS Engine。ArcGIS Engine 包含了完整的嵌入式组件库和工具包，使用它开发的 GIS 应用程序不需要 ArcGIS Desktop 支持就可以运行。ArcGIS Engine 的推出面向的对象是 GIS 程序开发人员，而不是最终的 GIS 用户，它不包含 GIS 的用户界面。因此，ArcGIS Engine 不是一个终端应用，只是一个用来进行新的 GIS 应用程序开发的功能组件包。

　　ArcGIS Engine 是基于 ArcObjects 构建的 GIS 二次开发组件包，基本可以实现 GIS 的所有功能，满足集成平台开发 GIS 空间分析，空间显示功能的需求。综合前文开发环境和语言的选择，本研究选取 ArcGIS Engine 9.3 for. Net 来开发 GIS 与 SWMM 模型集成平台中的 GIS 功能。

3. 软件界面设计

　　用户界面设计包括界面的布局设计、菜单设计和工具栏设计三个方面。集成软件界面的设计效果如图 6.19 所示。

　　总体界面按照通用的 GIS 软件界面布置，分别是菜单栏和工具栏，用于实现集成软件的各种功能；图层控制栏，用于控制图层的显示和隐藏；地图显示栏，是集成平台的核心组件；状态栏，用于显示菜单和工具的功能以及地图的坐标。其中菜单栏包括了软件的所有功能的菜单项，工具栏主要提供 GIS 和 SWMM 模型常用功能的快捷访问按钮。

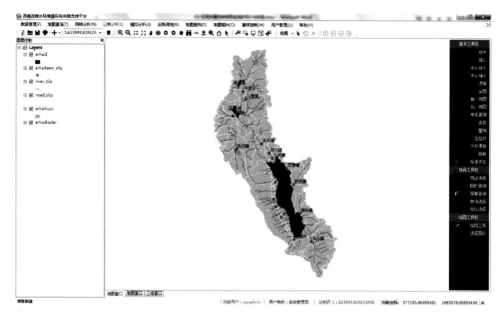

图 6.19　集成软件界面图

4. 集成平台 GIS 功能模块设计

本软件的设计目标是水文水质模拟的专业软件，因此，在 GIS 的功能方面，除了通用的 GIS 基本功能，如图形显示、数据操作等，还包括一些专题查询统计及空间分析功能。GIS 功能模块的设计如图 6.20 所示，包括数据操作、信息查询、专题统计分析、成果输出四部分。每个部分又细分为不同的功能。

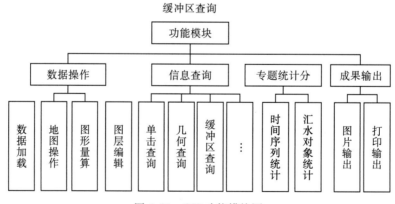

图 6.20　GIS 功能模块图

1）空间数据操作

空间数据操作模块包括数据加载、地图操作、图形量算、图层控制和图层编辑功能。其中，数据加载主要是向地图组件内添加数据或地图文档；地图操作包括地图的缩放、漫游以及其他辅助功能（鹰眼控制、图例控制和窗体控制等）；图形量算是指获取地图中要素的度量值，包括长度，面积等；图层编辑是指对图层属性进行编辑，或者对图层的数据进行编辑。

2）信息查询

信息查询包括单击查询、几何查询、条件查询和缓冲区查询。

单击查询：通过使用单击查询工具，在地图上点击指定图层的要素，可以在结果界面中显示要素的属性信息。

几何查询：选择几何查询的工具，在地图上绘制几何图形，可以查询出所绘制图形内的要素，以列表形式显示在结果界面中。并可以双击结果定位到图层要素。

条件查询：通过不同字段条件的组合，查询符合设定条件的要素信息，在列表中显示，并能双击定位到要素。

缓冲区查询：是指通过绘制几何图形或者选取图形中的要素进行缓冲区绘制，然后将缓冲区和要查询的目标图层叠加，查询缓冲区范围内的要素信息，可以利用单个或多个对象的缓冲区进行关系查询，或者利用图层的要素对象进行图层叠加缓冲查询。

各种查询功能的界面如图 6.21 所示。

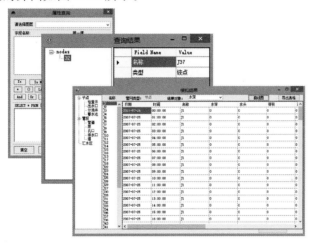

图 6.21　各种查询功能界面图

3）专题统计分析

专题统计分析包括时间序列统计和汇水对象统计。

时间序列统计：选定统计的起止时间、需要统计的汇水对象、需要统计的变量，进行统计，绘制折线图。统计界面和结果界面如图 6.22 所示。

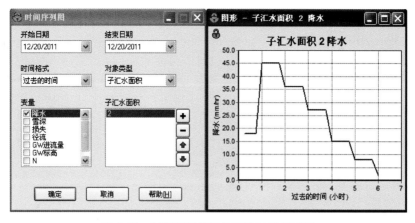

图 6.22　时间序列统计界面和结果界面图

　　汇水对象统计：选定要统计的汇水对象，要统计的变量，要统计的时间和要统计的结果类型，绘制柱状图或者曲线图。统计界面和结果界面如图 6.23 所示。

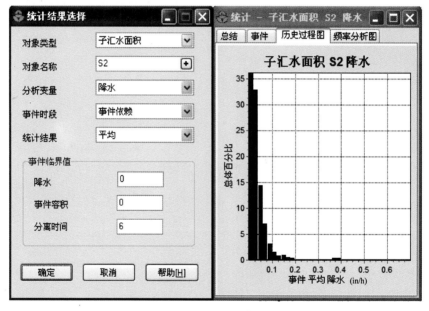

图 6.23　汇水对象统计界面和结果界面图

4）成果输出

　　软件的成果输出可以通过两种方式进行，即保存为图片或者打印输出。图片输出的功能包括框选输出，即将拉框选择的范围区域输出成图片；或者全部输出，即将地图显示区域全部输出成图片。目前图片输出仅支持输出为 JPEG 格式的图片。打印输出是指将地图进行图廓整饰后，打开设置窗口，设置打印参数后打印成纸质文件。成果输出的两种方式如图 6.24、图 6.25 所示。

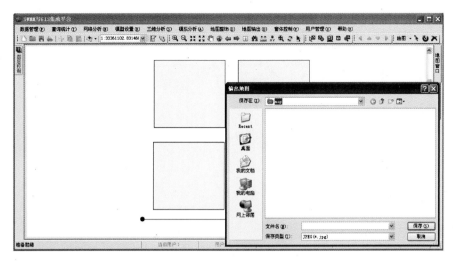

图 6.24　图片输出示意图

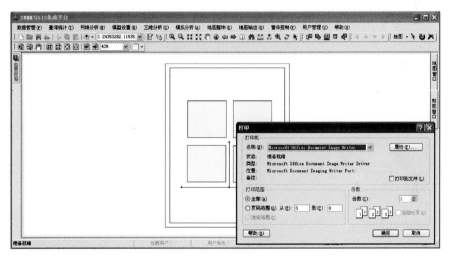

图 6.25　打印输出示意图

5）软件的数据互操作

要将 SWMM 模型与前面建立的 GIS 应用平台联系起来，需要建立两者之间的数据交换机制，即调用 GIS 的数据运行 SWMM Engine 的计算引擎，运行结束，将模拟结果存入 GIS 中。

SWMM 调用 GIS 数据：SWMM Engine 的调用需要一个包含模拟所需信息的输入文件（.inp）。因此需要编写程序调用 GIS 数据，按照 SWMM 模型要求的格式生成 .inp 输入文件。在本例中通过读取写入文件实现。

运行模型：SWMM5 的计算引擎 SWMM Engine 提供的动态链接库 dll 可以供其他程序调用，在调用过程中提供三个参数作为数据接口，分别是输入文件（.inp）、报告文件（.rpt）和结果文件（.out）。在平台中可以通过 dll 中的函数调用 SWMM Engine 后台运行模拟。

显示结果：SWMM 的报告文件中包含了运行状态报告，包含任何错误信息，以及总结果表格。输出文件是一个二进制文件，包含了工程输入文件中标注的所有元素模拟每一报告事件步长的计算结果。

　　SWMM 提供函数 GetSingleResult 对结果文件中的数据进行读取，可以存入数据库 GIS 属性表中。在平台中通过 GetSingleResult 函数读取结果文件中的数据，进行必要的计算，存入模拟数据的属性表中。

参 考 文 献

车伍，刘燕，李俊奇. 2003. 国内外城市雨水水质及污染控制[J]. 给水排水，29（10）：38-42.

陈桥，胡维平，章建宁. 2009. 城市地表污染物累积和降雨径流中冲刷过程研究进展[J]. 长江流域资源与环境，18（10）：992-996.

董欣，杜鹏飞，李志一，等. 2008. SWMM 模型在城市不透水区地表径流模拟中的参数识别与验证[J]. 环境科学，29（6）：1495-1501.

黄国如，黄晶，喻海军，等. 2011. 基于 GIS 的城市雨洪模型 SWMM 二次开发研究[J]. 水电能源科学，（4）：43-45，195.

晋存田. 2009. 基于 SWMM 的北京市暴雨洪水模拟分析[D]. 北京：北京工业大学.

刘俊，郭亮辉，张建涛，等. 2006. 基于 SWMM 模拟上海市区排水及地面淹水过程[J]. 中国给水排水，22（21）：64-70.

祁继英. 2005. 城市非点源污染负荷定量化研究[D]. 南京：河海大学.

王和意，刘敏，刘巧梅，等. 2006. 城市暴雨径流初始冲刷效应和径流污染管理[J]. 水科学进展，17（2）：181-185.

王加胜. 2011. 智能体模型与 GIS 集成技术研究[D]. 昆明：云南师范大学.

张红旗. 2009. 排水管网水力模型与地理信息系统（GIS）集成技术研究[D]. 北京：北京工业大学.

赵冬泉，陈吉宁，佟庆远，等. 2008. 基于 GIS 构建 SWMM 城市排水管网模型[J]. 中国给水排水，24（7）：88-91.

赵树旗，晋存田，李小亮，等. 2009. SWMM 模型在北京市某区域的应用[J]. 给水排水，35（zl）：448-451.

Anet Barco, Kenneth M. Wong, Michael K. Stenstrom, et al. Automatic Calibration of the U. S. EPA SWMM Model for a Large Urban Catchment[J]. J. Hydr. Engrg, 2008, 134（4）：466-474.

Burian S J, Streit G E, McPherson T N, et al. 2001. Modeling the atmospheric deposition and stormwater washoff of nitrogen compounds[J]. Environmental Modelling&Software, 16（5）：467-479.

Carpenter T M, Georgakakos K P. 2006. Discretization scale dermdencies of the ermemble flow range Versus catcturent area relationship in distributed hydrologic modeling[J]. Journal of hydrology, 328（1）：242-257.

Nouh M, Al-Noman N. 2009. Regression models for the prediction of water quality in the stormwater of urban arid catch-ments[J]. NRC Research Pres, 36：331-344.

ParK S Y, Lee K W, ParK I H, et al. 2008. Effect of the aggregation leval of surface runoff field and sewer network for a SWMM simulation[J]. Desal ination, 226（1）：328-337.

Zaghloul N A, Kiefa A. 2001. Neural network solution of inverse parameters used in the sensitivity—calibration analyses of the SWMM model simulations[J]. Advances in Engineering Software, 32（7）：587-595.

第七章　流域非点源污染防治的反馈调控机制及决策模型

7.1　流域非点源污染防治的反馈调控机制

　　土地是人类赖以生存和发展的重要资源和物质保障，在"人口-资源-环境-发展(PRED)"复合系统中，土地资源处于基础地位。土地利用(Land Use)是土地的社会经济属性，人类根据土地的特点，按一定的经济与社会目的，对土地进行长期性或周期性的经营活动，把土地的自然生态系统变为人工生态系统。土地利用变化会对当地、区域甚至全球环境都产生严重的影响。土地利用变化对水资源的影响，包括地表水和地下水的水质、水量、水循环，最终导致水资源供需关系发生变化，对流域生态和社会经济发展等多方面具有显著影响。从区域尺度上看，影响水文过程的主要 LUCC 过程包括植被变化，如毁林和造林、草地开垦等会增加下游洪水泛滥的频率和强度(Richey，1989)、农业开发活动(如农田开垦、作物耕种和管理方式等)、道路建设以及城镇化会增加径流量，使洪水发生的强度和频率都增强等；从全球尺度来看最主要的驱动因素是毁林和造林。此外，土地利用方式及其程度的改变和土地利用布局的变化会造成水体富营养化和水污染。如由于人类耕作(特别是化学肥料和杀虫剂的使用)和定居(城市污水)引起的土地覆盖的变化已造成了世界性的水污染(Smil，1990)。城镇用地的扩张，产生大量的堆积的垃圾经雨水过滤冲刷往河道里流，会增加营养元素及悬浮物的入河通量。已有许多研究表明，不同土地利用类型对水质变化的作用不同，总氮和总磷的比率在林地径流中最高，农田中次之，城市中最少，但二者的总量在林地中最少。

　　湖泊流域是社会经济最活跃的区域。从 20 世纪 90 年代开始，洱海边缘不断涌现的污染现象日益严重。洱海水质评价结果表明，洱海污染源以非点源为主。不同的土地利用活动和管理模式会导致土壤侵蚀和营养物随地表径流流失，从而形成对流域的大面积非点源污染。根据流域人类活动－土地利用变化－非点源污染产生这一链式驱动过程，通过模拟流域社会经济发展模式的驱动作用，预测不同土地利用情景下非点源污染控制指标的变化结果来分析社会经济发展过程中的不利政策、市场或个人选择行为，形成流域系统可持续发展的土地利用、水资源和非点源反馈－调控机制。

　　洱海流域反馈调控机制(如下图所示)是根据流域"人类活动→土地利用/覆被变化→流域生态系统结构改变和功能退化→面源污染形成"这一链式驱动过程机理，通过 ABM 智能体模型模拟流域土地利用类型的时空变化，利用 SWAT 模型模拟流域不同土地利用情景下农业非点源污染评价指标(TN、TP)以及人为可调控指标不透水表面覆盖(ISC)，并以此作为控制变量，研究洱海流域社会经济活动形成的湖泊非点源污染的反馈调控机制与策略。首先，以主要农业面源污染控制变量的计算分析为基础，在空间信息平台上进行流域政府发展规划与政策、产业结构调整和个人用地选择等不同行为作用下的非点源污染形成过程情景模拟。结合调控因子（TN、TP、ISC）分析洱海流域系统中不同土地利用情景下的非点源污染效应。然后将分析的结果与预定的决策因子相比较，形成调控策略评价，进而将评价结论反馈给政府相关管理部门或机构，以评价结果为决策依据对流域土地利用的规划和社会经济发展政策进行必要的调整与干预。

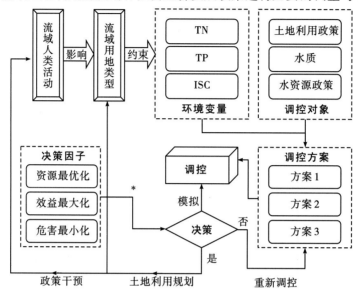

图 7.1　流域系统反馈调控机制的原理与方法

7.2　流域非点源污染防治的反馈调控指标

7.2.1　反馈调控指标选取原则

流域非点源污染防治反馈调控指标选取原则包括：首先，调控指标应具有独立性、可量测性以及综合评价性；其次，指标需具有可预测和模拟功能。

7.2.2　反馈调控指标体系构建

依据《云南洱海流域水污染综合防治"十二五"规划》以及《云南洱海绿色流域建设与水污染防治规划（2010—2030）》，洱海流域污染负荷主要来源于农村生活污染、畜禽养殖污染、农田面源污染和城镇生活污染等。从污染物入湖量分析，农田面源污染、农村畜禽粪便和农村生活污水是洱海入湖负荷的主要污染源，主要控制因子为 TN 和 TP。

随着洱海流域土地利用政策的变化，建筑用地、林地和草地增加，耕地、园地和裸地减少，使得流域内农业非点源氮磷产出量减少。然而，整个流域的氮磷负荷仍然呈现增加的趋势。究其原因，由于城市建筑用地的增加，由此产生的城市非点源污染成为又一重要的污染源。因此，表征城市建筑用地变化的不透水表面覆盖率即不透水表面占地表面的比例（Impervious Surfaces Coverage，ISC）成为另一个重要的调控指标。国内外的诸多研究表明，不透水表面对流域生态系统、水文循环、地形地貌、动植物栖息地和水质等都有着显著的影响，已经成为监测流域城市非点源污染的重要指标。

综合上述分析，洱海流域非点源污染防治的反馈调控指标为 TN、TP 和 ISC。

7.2.3　反馈调控标准

洱海流域"十二五"规划指出，到 2015 年末，洱海水体 TN 控制在 0.5 mg/L 以内，TP 控制在 0.023 mg/L 以内。因而以此为 TN 和 TP 的调控标准。美国环境保护署（USEPA）、美国国家海洋和大气局（NOAA）、美国地质测量局（USGS）等研究表明，当流域范围内 ISC 达到一定比例时（>10%），其带来的污染不亚于农业面源污染，如果不加以控制（如 ISC>25%），将形成不可逆转的水体污染。洱海流域的研究结果也显示，当建筑用地比例为 5.87% 时，洱海水质为 Ⅱ 类水，当建筑用地比例增加到 9.33% 时，水质恶化为 Ⅲ 类。因此可将 ISC 的调控标准设定为 9.33% 和 25%。

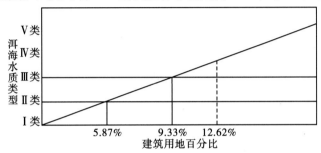

图 7.2　建筑用地百分比与水质的关系示意图

7.3　流域非点源污染防治的决策模型

流域非点源污染防治决策模型是一个综合的多因素模型，其中变量分为两部分：调控指标、调控对象。这两部分的变量如公式（7.1）所示：

$$\begin{cases} f_A = f(TP, TN, ISC) \\ f_B = f(LU, WQ, WS) \end{cases} \tag{7.1}$$

式中：f_A 为调控指标，TP 为总磷浓度，TN 为总氮浓度，ISC 为不透水表面面积；f_B 为调控对象，LU 为土地利用政策，WQ 为水质标准，WS 为水资源政策。

调整变量，分别设计资源最优化、效益最大化、危害最小化三种情景，对三种情景进行积分，求取最优化方案。如公式（7.2）、（7.3）所示：

$$\begin{cases} f_{Res} = \displaystyle\int_0^{\max}(f_A, f_B) \\ f_{Ben} = \displaystyle\int_0^{\max}(f_A, f_B) \\ f_{Har} = -\displaystyle\int_0^{\max}(f_A, f_B) \end{cases} \tag{7.2}$$

$$F_{opt} = \int_0^{\max}(f_{Res}(f_A, f_B), f_{Ben}(f_A, f_B), f_{Har}(f_A, f_B)) \tag{7.3}$$

式中：F_{opt} 为最优化方案，f_{Res} 为资源最优化方案，f_{Ben} 为效益最大化方案，f_{Har} 为危害最小化方案。

将官方公布的环境指标作为检测阈值，如果最优化方案模拟得到的环境指标超出了阈值范围，说明方案需要重新调整，如果模拟环境指标小于阈值范围，说明方案切实可行。

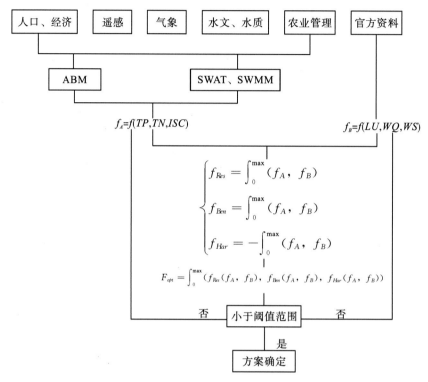

$f_A=f(TP,TN,ISC)$　　　　　　　$f_B=f(LU,WQ,WS)$

$$\begin{cases} f_{Res} = \int_0^{max} (f_A,\ f_B) \\ f_{Ben} = \int_0^{max} (f_A,\ f_B) \\ f_{Har} = -\int_0^{max} (f_A,\ f_B) \end{cases}$$

$$F_{opt} = \int_0^{max} (f_{Res}(f_A,\ f_B),\ f_{Ben}(f_A,\ f_B),\ f_{Har}(f_A,\ f_B))$$

图 7.3　模型计算流程图

参 考 文 献

高伟，陈岩，郭怀成. 2014. 基于"评价－模拟－优化"的流域环境经济决策模型研究[J]. 环境科学学报，34（1）：250-258.

李杰君. 2001. 洱海富营养化探析及防治建议[J]. 湖泊科学，13（2）：187-192.

刘彦随，陈百明. 2002. 中国可持续发展问题与土地利用覆盖变化研究[J]. 地理研究，21（3）：324-330.

刘珍环，李猷，彭建. 2011. 城市不透水表面的水环境效应研究进展[J]. 地理科学进展，30（3）：275-281.

颜昌宙，金相灿，赵景柱. 2005. 云南洱海的生态保护及可持续利用对策[J]. 环境科学，26（5）：38-42.

Arnold Jr C L，Gibbons C J. 1996. Impervious surface coverage：the emergence of a key environmental indicator[J]. Journal of the American Planning Association，62（2）：243-258.

Axel B，Niehoff D，Burger G. 2002. Effects of climate and land-use change on storm runoff generation：present knowledge and modeling capabilities[J]. Hydrological Processes，（16）：509-529.

Cathryn K F. 1996. Estimating the effects of changing land use patterns on Connecticut lakes[J]. Journal of Environmental Quality, 25: 325-333.

Haith D A. 1976. Land use and water quality in new york river[J]. J Environ Eng Div, ASCE, 102 (1): 1-15.

Line D F, Osm, D L, et al. 1994. Non-point sources[J]. Water Environment Research, 66 (4): 585-601.

Richey J E, Mertes L A K, Dunne T, et al. 1989. Sources and routing of the Amazon River flood wave[J]. Global biogeochemical cycles, 3 (3): 191-204.

Schueler T R. 1994. The importance of imperviousness[J]. Watershed protection techniques, 1 (3): 100-111.

Shang Xiao, Wang Xinze, Zhang Dalei, et al. 2012. An improved SWAT-based computational framework for identifying critical source areas for agricultural pollution at the lake basin scale[J]. Ecological Modelling, 226: 1-10.

Smil V. 1990. Witrogen and phosphorus[J]. The Earth as transformed by human action, 423-436.

Tufford D L. 1998. Stream nonpoint source nutrient prediction with land-use proximity and seasonality[J]. Journal of Environmental Quality, 27: 100-111.

U. S. Environmental Protection Agency (USEPA). 2003. Implementation guidance for ambient water quality criteria for bacteria (Draft)[M]. Washington, DC: U. S. Environmental Protection Agency, Office of Water.

U. S. Environmental Protection Agency (USEPA). 2003. 2000 National Water Quality Inventory, Washington, DC: U. S[M]. Environmental Protection Agency, Office of Water.

第八章　洱海流域非点源污染情景模拟及空间决策支持信息系统的设计与实现

8.1　洱海流域水环境概况

8.1.1　洱海流域概况

洱海流域地处云南省大理白族自治州境内，位于澜沧江、金沙江和元江三大水系分水岭地带，属澜沧江—湄公河水系，流域面积 2565 km²，洱海是云南省第二大高原淡水湖泊，地理坐标在东经 100°05′~100°17′、北纬 25°36′~25°58′。洱海流域地跨大理市和洱源县的两个市县，共有 16 个乡镇，170 个行政村，其中流域区有大理市的下关、七里桥、大理、银桥、湾桥、喜洲、挖色、海东、凤仪、上关、双廊 11 个镇及经济开发区和旅游度假区，还包括洱源县的玉湖，苑碧、牛街、三营、凤羽、右所、邓川 7 个镇。计有 167 个村民委，20 个居民委，912 个自然村和两片城区。

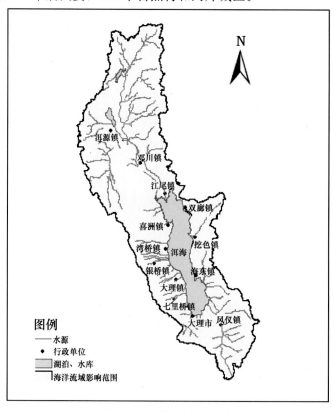

图 8.1　洱海流域示意图

8.1.2　洱海流域土地利用/覆盖变化现状

　　洱海流域是大理千年文明和白族传统文化的展示区、农耕文化的承载区、康体休闲度假的旅游区。洱海是大理市主要生活饮用水和工农业生产用水水源地，是大理苍山洱海国家级自然保护区和国家级风景名胜区的核心，具有调节气候，维持水生生物多样性等多种功能，是整个流域乃至大理州经济社会可持续发展的重要基础。流域内植物垂直分布带谱典型而明显，分布最广的是喜暖针叶林。洱海流域土壤类型多样，在流域范围内由南到北、从高到底，主要分布着黄壤、暗棕壤、红壤、紫色土、潮土、水稻土、冲击土 7 个土类，下属 21 个亚类，61 个土属，196 个土种。

　　通过对 2000 年和 2010 年的 Landsat/ETM 遥感影像数据进行分类，利用分类结果来分析洱海流域土地变化情况。分类得到以下八种土地利用类型，如图 8.2、8.3 所示。

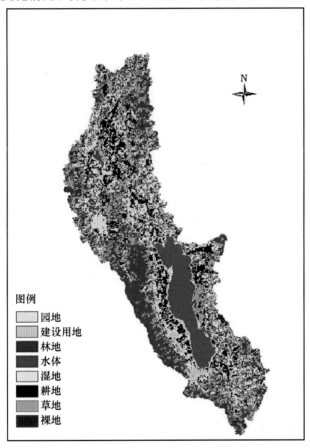

图 8.2　洱海流域 2000 年土地利用分类图

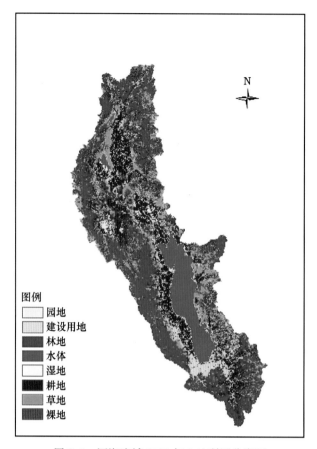

图 8.3　洱海流域 2010 年土地利用分类图

　　根据对两期遥感影像的解译结果为：2000 年洱海流域各类土地利用面积由大到小的排序依次为：林地＞耕地＞裸地＞水体＞草地＞建设用地＞园地＞湿地；2010 年土地利用面积由大到小的顺序为林地＞耕地＞裸地＞草地＞水体＞建设用地＞湿地＞园地。2000 年至 2010 年期间，增加最多的土地类型为建设用地，从 2000 年的 152.38 km² 到 2010 年的 244.45 km²，增加了 92.07 km²，其次依次为林地、草地、湿地、水体。虽然水域面积也有所增加，但变化不大；而相对而言，耕地是减少最为明显的土地类型，减少了 129.9 km²，园地、裸地也有所减少，分别减少了 14.17 km² 和 12.81 km²（见表8.1）。

表 8.1　2000 年到 2010 年研究区土地利用面积汇总表

土地类型	2000 年/km²	2010 年/km²	变化面积/km²
林地	942.97	969.09	26.12
耕地	637.73	507.81	−129.92
裸地	295.06	282.25	−12.81
水体	251.77	256.53	4.76
草地	248.75	270.51	21.76
建设用地	152.38	244.45	92.07
园地	37.81	23.64	−14.17
湿地	27.66	39.86	12.2

8.1.3　洱海水资源现状

1. 流域水资源概况

洱海是云南省第二大淡水湖泊，是白族人民的母亲湖。洱海斜卧于点苍山东麓，水面北起大理市上关镇，南止于下关镇，形如一弯新月，南北长 41.5km，东西宽 3.9km，周长 129.14km。洱海北接茈碧湖、西湖和海西海，湖水经洱源和邓川两坝子分别由弥苴河、罗时江、永安江等进入洱海，西纳苍山十八溪水，南有波罗江，东有凤尾箐、石碑箐等小溪流汇入，天然出口为西洱河，与黑惠江汇合注入澜沧江。洱海流域现有国家基本水文站 2 个、水位站 2 个、雨量站 12 个、蒸发站 2 个、水质站 10 个。

图 8.4　洱海流域水系分布图

2. 水资源量

洱海属澜沧江流域黑惠江支流天然水域，流域面积 2565 km²，蓄水位 1965.69m/h，水域面积 248.55 km²，库容为 28.80 亿 m³，平均水深 10.6 m，最大水深 21.3 m，湖岸线长 127.85 km。入湖河溪大小共 117 条，净入湖水量 7.641 亿 m³。西洱河是洱海唯一的天然出口河流，多年平均出湖水量 7.743 亿 m³；1994 年建成引洱入宾隧洞，多年平均引水量 0.622 亿 m^3。根据流域水文特征可知洱海流域平水年（$P=50\%$）年入湖水量为 8.49 亿 m^3，丰水年（$P=20\%$）年入湖水量为 10.80 亿 m^3，枯水年（$P=85\%$）年入湖水量为 5.97 亿 m^3。

3. 径流时程分配

洱海流域径流的年内变化主要受气候因素的影响，洱海流域位于低纬度高原横断山脉的南端，距离北回归线较近，太阳高度角相对较大。季风气候明显，干湿季分明。雨季 5~10 月径流量占年径流量的 65% 以上，枯季 1~4 月及 11~12 月径流量在年径流总量的 30% 以下。径流月最大值一般出现在 8、9 月，径流月最小值一般出现在 1~5 月。洱海径流年际变化不大，年径流变差系数为 0.28。历年最大天然径流量为 21.02 亿 m^3（1966 年），最小为 5.572 亿 m^3（1982 年），其比值为 3.8。

4. 水资源空间分布

降水空间分布：洱海流域年平均气温为 16.2℃，主导风向为西南季风，年内降水充沛，降雨多集中在 6~8 月，占全年 80% 以上。由于受水汽来向、地形等因素的影响，降水量地区分布极不均匀，表现为由西向东、由南向北逐渐减少，洱海西部降雨比东部多 25%~30%，西南部多年平均降水量约在 1000~2200mm，东北部多年平均降水量约在 700~900mm。流域降水量随高程的增高而增加，到苍山一带高程每升高 100m 降水增加 65mm。

径流空间分布：径流空间分布与降水基本一致，自西南向东北逐渐递减，西南部多年平均产水模数约为 53 万~87 万 m^3/km^2，东北部多年平均产水模数约为 36 万 m^3/km^2。洱海湖面年产水量小于年蒸发量，属典型的高原亏水湖泊。

5. 水资源分析

洱海水源主要是降水、森林滞留水和少量冰川融雪，并以径流的方式注入湖盆，入湖河流水量占洱海水量的 50% 左右。近年来苍山终年积雪出现年际变化，苍山十八溪径流量年内季节性明显，中段甚至有断流的情况。

洱海正常库容量为 28.8 亿 m^3，流域人口约为 80 万，人均水量 3600m^3，低于全省平均水平（5952.8m^3），水量不算丰富。而且近几年社会的快速发展，需水量又不断增加，据估计工业和生活年需水 0.6 亿 m^3，农业灌溉用水 1.3 亿 m^3，发电用水 5 亿~7 亿 m^3，"引洱入宾"（引洱海水到宾川县）工程用水 0.5 亿 m^3，每年固定用水近 8 亿 m^3，换水周期为两年半（891 天）。丰水年暂且可以满足供水，贫水年水位就会下降，加之水体不断遭到非点源污染的影响，使供需矛盾更加严峻。

目前流域内污染最严重的河流是南部的波罗江，主要原因是沿河段附近一些建材厂和居民生活污水大量排放；十八溪尚处于清洁状态，但伴随旅游业的过度发展，苍山山腰地段的过分开发，河道建设管理不善，不仅使河源地区产生大量的污染物质，而且还促使河流水质变差，水量逐年减少，直接影响到洱海的库容；北部河流主要存在携沙量大的问题，目前携沙量最大的是弥苴河，主要原因是上源地区农业耕种过度，河口地段养殖业发展过快。

8.1.4　非点源污染现状

洱海地跨大理市、洱源县，属澜沧江水系，流域面积 2565 km²，流域总人口达 60 多万，是大理人民的生命之源，是大理州赖以生存和发展的基础。随着湖区人口的增加和区域经济实力的增强，增大了对湖泊和流域自然资源开发利用的深度和广度，也呈现了日益增长的环境问题，使得洱海水质逐步由贫营养化过渡到中营养化，向富营养化发展，目前水质已由 20 世纪 90 年代的 Ⅱ 到 Ⅲ 类发展到 Ⅲ 到 Ⅳ 类。洱海水质变化的原因是多方面的，其中农业活动非点源污染的贡献是很大的。在各种污染中，对水环境影响最大的农业非点源污染占河流、湖泊营养物质负荷总量的 60%～70%。

1.　农业非点源污染来源

1）农用化肥

现代化农业的一个重要特征就是大量使用化肥，据国外测算，现代化农业产量至少有 1/4 是靠化肥获取的。洱海地区化肥使用量也是较高的，洱海西部地区（喜洲、湾桥、银桥、大理镇、七里桥镇）总耕地面积 1153 万 hm²。施用有机肥 3150 kg/hm²、尿素 375～450 kg/hm²、磷肥 308 kg/hm²、硫酸钾 58 kg/hm²；洱海北部地区（江尾、邓川、玉湖、三营、牛街）耕地总面积 1168 万 hm²，平均施用化肥 240 kg/hm²；洱海南部和东部地区耕地面积 4443 hm²，以施化肥为主，平均施用尿素 750 kg/hm²、磷肥 300 kg/hm²、钾肥 375 kg/hm²。洱海湖区化肥施用量与 1999 年全国化肥平均施用量 262 kg/hm² 相当，南部和东部地区偏高。但化肥的流失量较大，绝大部分是流进了洱海。化肥利用率氮肥为 25%～50%，磷肥为 10%～15%，钾肥为 40%～50%，氮肥和磷肥的流失量最大。每年由化肥流失进入洱海的总氮约为 989t，总磷约为 100t，其中非点源污染分别占 97% 和 92%。

2）畜禽养殖

大理的畜禽养殖发展很迅速。据统计 2002 年末全市存栏猪 261 028 头，按每头猪产生粪尿 3.15kg/d（大小平均），饲养周期 365 天计，则存栏猪年产生粪尿量为 333 463t；存栏牛 25 416 头，每头牛产生粪尿 40kg/d，饲养周期 365 天计，存栏牛产生粪尿量为 371 074t；禽类存栏 906 103 只，每只产生粪尿 0.113kg/d，饲养周期 365 天计，禽类年产生粪尿为 42 995t；马属动物存栏 9671 匹，每匹产生粪尿 15kg/d，饲养周期 365 天，马属动物年产生粪尿为 52 949t；羊存栏 20 633 只，每只产生粪尿 2kg/d，饲养周期 365 天，存栏羊年产生粪尿 15 062t。以上总计 2002 年全市畜禽粪尿产生总量为 815 543t。

3）农业水土流失

水土流失与农业面源污染是密不可分的，不但由于水土流失带来的泥沙本身就是一种污染物，而且泥沙和地表径流是有机物、金属、磷酸盐等污染物的主要携带者。洱海西岸苍山十八溪流域由于地质地貌、水文气象及人为活动等原因，水土流失严重。建国以来，已发生不同规模的泥石流 50 余次，造成了不同程度的灾害，直接间接的经济损失达亿元以上。洱海流域年泥沙流失量为 2.11×10⁴t，其中，山地泥沙流失量为 2.01×

10^4 t，占 95.5%，农田为 $0.95×10^4$ t，占 4.5%。流失氮 11 500t/a，流失磷 6934t/a。

2. 农业非点源污染的影响因素及其对水环境影响

农业非点源污染多是经降雨径流、淋溶和农田灌溉回排水进入水体面造成的。

1）径流和农田排水

作物所需的 3 大要素可能通过土壤侵蚀进入江河，这是我国 N、P、K 污染水环境的主要途径。地表径流携带营养物质的量，取决于地表径流流经区域的土壤类型、降水量、地质、地形、地表植被、肥料施用量和人为管理措施等多种因素。据上海市环保局研究，1991 年仅松江、金山、青浦地区农田径流中的溶解性养分（全氮、全磷、全钾）流失就有 980t，占全年化肥施用量的 15%。

2）畜禽养殖废弃物的排放

据国外资料报道，牛、猪、蛋鸡的饲料中约有 70% 的氮通过粪便排泄，肉鸡饲料 50% 变成粪便，其中又有 30% 粪便、60% 的尿液流失。大理市目前畜禽粪便大部分不经处理或简单处理便直接排入水体，造成严重污染，另外，粪便堆放区硝酸盐极易渗到地下水中，使地下水中硝态氮、硬渡和细菌超标。

富营养化水体内的氮、磷等营养元素富集，导致某些藻类异常增殖，而消耗大量的溶解氧，致使水体丧失应有功能，逐渐发黑发臭。水华、赤潮现象均是水体富营养化的表现。非点源污染是水体富营养化的重要因素之一。氮、磷等植物营养、农药、重金属等有机、无机污染物、盐类、病原菌等，通过地表径流和地下水渗漏，造成水环境的污染，致使很多地表水或地下水源的各种污染物质含量超标，水质恶化。洱海流域化肥使用量达 115 万～215 万 t/a，约一半的残余物最终流入了洱海。

8.2　洱海流域非点源污染模拟模型数据的获取与处理

8.2.1　数据来源

本研究采用覆盖洱海流域范围内的两个时期的 Landsat ETM＋影像为数据源。这两期的影像数据获取日期分别为 2000 年 3 月 21 日 ETM＋数据、2010 年 3 月 1 日 ETM＋数据，轨道号为 Path=131，Row=42，各影像均为无云，质量较高，来源于国际科学数据服务平台。

Landsat7 ETM＋是美国在 1999 年发射的卫星，共有 8 个波段，空间分辨率为 30 m，其中第 6 波段为热红外波段，空间分辨率为 60 m，第 8 波段是全色波段，空间分辨率为 15 m，可用于图像增强使用，扫描宽幅/视角 185km * 185km，访问周期为 16 天。

表 8.2　ETM＋影像的波段特征

波段序号	波长/um	分辨率/m	主要作用
1（蓝绿）	0.45～0.52	30	用于水体穿透，分辨土壤植被
2（绿色）	0.52～0.60	30	分辨植被
3（红色）	0.63～0.69	30	处于叶绿素吸收区域，用于观测道路/裸露土壤/植被种类效果很好
4（近红外）	0.76～0.90	30	用于估算生物数量，尽管这个波段可以从植被中区分出水体，分辨潮湿土壤，但是对于道路辨认效果不如 TM
5（中红外）	1.55～1.75	30	用于分辨道路/裸地/水体，有较好的穿透大气、云雾的能力
6（热红外）	10.40～12.50	60	感应发出热辐射的目标
7（中红外）	2.09～2.35	30	对于岩石/矿物的分辨很有用，也可用于辨识植被覆盖和湿润土壤
8（全色）	0.52～0.90	15	得到的是黑白图像，分辨率为15m，用于增强分辨率，提供分辨能力

8.2.2　数据预处理

利用遥感数据提取各种类型的地物类型信息之前，都要将原始数据进行一定的预处理。本文为获取洱海流域土地利用类型数据，对遥感影像进行了必要的预处理，主要包括以下几个预处理步骤：几何校正、图像剪裁以及去条带处理。

（1）几何校正。几何校正主要是指利用合理准确的地面控制点以及几何数学校正模型对非系统因素所产生的误差进行转化的过程。为了准确地选取控制点，本文结合 2000 年、2010 年影像和 Goole Earth 选取两期影像上都容易识别的明显地物点，如道路交叉点、桥梁的中心点等。为了保证几何纠正的精度，在影像上选取了 40 个控制点，并尽量均匀地分布在研究区范围内。本次校正采用 2003 年 1 月 9 日 level 4 级 ETM＋数据为基准，数据来源于中科院对地观测与数字地球科学中心。

（2）图像裁剪。图像裁剪的目的是将研究区之外的区域去除。根据 ArcSWAT 模型，利用 30 m 分辨率的 DEM 提取出洱海流域的准确范围。以此对 ETM＋影像进行裁剪，科学地提取出研究区域。

（3）去条带处理。由于传感器故障，导致在 2003 年 5 月 31 日之后获取的 ETM＋出现数据条带丢失现象，所以利用条带修复工具对其进行修复。在本次研究中使用的 2010 年的 Landsat/ETM＋数据，虽说在洱海流域范围的影像数据受条带影响不大，但还是进行了去条带处理。

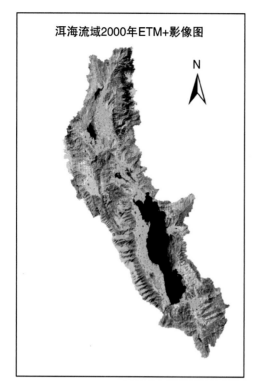
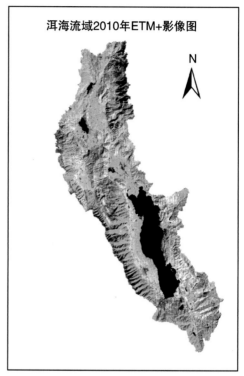

图 8.5　洱海流域 2000 年、2010 年 ETM＋影像图

8.2.3　分类过程

　　本次研究采用的 2000 年 3 月 21 日和 2010 年 3 月 1 日的 Landsat/ETM＋遥感影像数据，使用监督分类方法将洱海流域分为八个类别，分别为林地、园地、耕地、湿地、草地、建设用地、水体和裸地。

　　监督分类，又称"训练分类法"，用被确认类别的样本像元去识别其他未知像元的过程，可控制训练样本的选择，需要较多人工干预，适用于对分类区域比较了解的情况。具体分类过程包括：定义训练样本、执行监督分类（选择分类算法）、分类后处理和结果评价。监督分类算法选用最常用和典型的最大似然分类，原理为：假设每一个波段的每一类统计都呈正态分布，计算给定像元属于某一训练样本的似然度，像元最终归并到似然度大的一类。技术路线如图 8.6 所示。

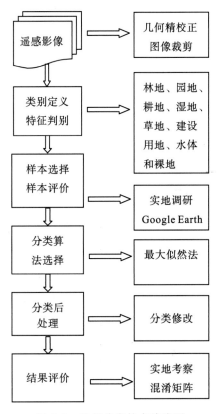

图 8.6　监督分类技术路线图

　　混淆矩阵精度评价是通过将每个地表真实像元的位置，即精确度较高的参考图、航片、野外考察等方式获得的实际地物位置，与分类后的图像中的相应位置进行比较计算所获得的对比结果。分类图像与实际地物的吻合度越高，则精度越高。本课题将遥感原始影像作为真实参考数据，结合 Google Earth 下载影像，选择评价样本对 2000 年、2010 年两期影像分类结果进行定量化的精度评价。利用混淆矩阵可以计算出总体分类精度和 *Kappa* 系数等。其中，总体分类精度的定义为被正确分类的像元总数与待分类像元总数的比值。其数学表达式如下：

$$P_c = \sum_{k=1}^{n} \frac{P_{kk}}{P} \overline{k} \tag{8.1}$$

式中，P_{kk} 为分类所得到的所有正确分类的像元总数，P 为样本总数，P_c 为总体分类精度。*Kappa* 系数是更客观的精度检验标准，其分析采用的是一种离散的多元技术统计数据，取值在 0～1。其数学表达式为：

$$Kappa = \frac{N \sum_{i=1}^{r} x_{ii} - \sum_{t=1}^{r} (x_{i+} x_{+i})}{N^2 - \sum_{i=1}^{r} (x_{i+} x_{+i})} \tag{8.2}$$

式中，x_{ii} 为误差矩阵中第 i 行、第 i 列上的像元总数，r 为误差矩阵中总的列数，x_{i+}、x_{+i} 分别是第 i 行和第 i 列的像元数，N 为总的用于精度评价的像元数。在研究区内利用

混淆矩阵的方法进行精度评价，统计了两年的分类结果精度评价总体分类精度和 *Kappa*
系数。

表 8.3　精度评价表

年份	数据类型	总体精度	*Kappa* 系数
2000 年	Landsat/ETM+	85.49%	0.81
2010 年	Landsat/ETM+	82.88%	0.79

从精度评价表得出利用 Landsat/ETM+数据分类的精度较高，结果可靠。

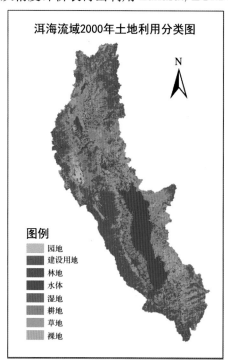
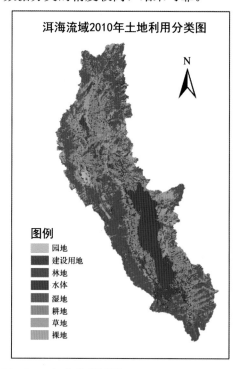

图 8.7　洱海流域 2000 年、2010 年土地利用图

8.2.4　分类结果

2000 年与 2010 年洱海流域土地利用分类结果如下表：

土地利用类型	2000 年	2010 年	变化面积	面积变化率
林地	942.97	968.35	25.39	0.0269
草地	248.75	269.69	20.93	0.0842
耕地	637.73	551.15	−86.58	−0.1358
园地	37.81	23.63	−14.18	−0.3751
湿地	27.66	39.58	11.92	0.4310
建设用地	152.38	241.92	89.53	0.5876
水体	251.77	256.53	4.76	0.0189
裸地	295.06	243.29	−51.77	−0.1755
总面积	2594.13	2594.13		

单位：平方公里

8.3　洱海流域农业非点源污染情景模拟与形成机理

8.3.1　土地利用/覆被变化的农业非点源污染效应模拟

1）ABM/LUCC 模型模拟 2020 年土地利用结构

智能体模型（Agent-Based Model，ABM）是人工智能、计算机科学等多领域科学综合应用的成果；它根据社会群体在影响土地利用决策中的地位不同，将其分类，并分别抽象为不同的 Agent。ABM 综合考虑道路、水系、地形、区位、人口、GDP 等影响Agent 决策行为的自然因素和社会因素，并结合 Agent 的年龄、文化程度、经济实力、价值观等自身的属性特征，来模拟社会个体及群体的行为、决策模式及其对土地利用产生的影响，进而模拟流域用地类型变化。

本研究在构建 ABM/LUCC 综合模型的过程中，把对用地类型变化影响较大的人群分为政府 Agent 和居民 Agent。居民 Agent 是洱海流域土地利用变化主要的因素，其移动规则由蚁群算法控制。政府 Agent 在本研究中具有宏观调控的作用，它根据所在位置综合计算各种用地类型相互转化的概率，最终决定用地类型是否变化及如何变化。

ABM/LUCC 模型以 2000 年的土地利用类型数据作为模型的初始输入数据，模拟洱海流域 2010 年的土地利用结构，然后利用 2010 年实际的土地利用分类数据对模型进行校准和验证。最后，利用 2010 年实际的土地利用类型数据作为输入数据，模拟洱海流域2020 年的土地利用类型的分布情况。ABM/LUCC 模型模拟的 2020 年洱海流域土地利用结构如图 8.8 所示。

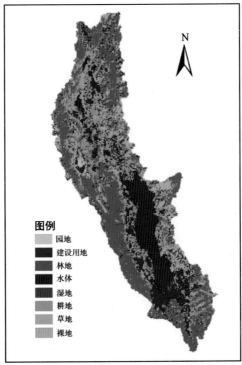

图 8.8　ABM/LUCC 模型模拟的 2020 年洱海流域土地利用结构图

2) 土地利用/覆被情景设置

为了分析土地利用变化对洱海流域农业非点源污染的影响，预测未来土地利用变化将产生的农业非点源污染效应，建立以下三种土地利用/覆被情景。

情景一：2000 年实际的土地利用/覆被情景。

情景二：2010 年实际的土地利用/覆被情景。

情景三：ABM/LUCC 模型模拟预测的 2020 年的土地利用/覆被情景。

利用校准好的 SWAT 模型，分别对每种情景下 2000～2010 年洱海流域的农业非点源污染状况进行模拟，并对比分析各情景下的年均氮、磷负荷变化，从而确定土地利用结构变化带来的农业非点源污染效应。

8.3.2　土地利用/覆被变化的农业非点源污染效应分析

1. 2000 至 2010 年土地利用/覆被变化对农业非点源污染的影响分析

1) 2000～2010 年土地利用变化分析

为了便于分析 2000～2010 年间土地利用/覆被变化给洱海流域非点源污染带来的影响，本研究首先分析流域土地覆被发生的具体变化（表 8.4）。从表 8.4 中 2000 年和2010 年的土地利用统计数据可以看出，耕地、园地、裸地面积均表现出减少趋势，分别减少了 13.58%、37.50%、17.55%，从绝对面积上来讲，耕地和裸地变化最为剧烈，分别减少了 86.58 km²、51.77km²；林地、草地、湿地和水体面积则不同程度地增加，其中建设用地面积增长最快，增长了 89.53 km²，增幅达 58.76%。

表 8.4　2000 年、2010 年洱海流域土地利用类型面积统计表

土地利用类型	2000 年/km²	2010 年/km²	面积变化/km²	变化率/%
林地	942.97	968.35	25.39	2.69
草地	248.75	269.69	20.93	8.42
耕地	637.73	551.15	−86.58	−13.58
园地	37.81	23.63	−14.18	−37.50
湿地	27.66	39.58	11.92	43.09
建设用地	152.38	241.92	89.53	58.76
水体	251.77	256.53	4.76	1.89
裸地	295.06	243.29	−51.77	−17.55

2) 2000～2010 年土地利用变化对农业非点源污染的影响分析

本研究分别对 2000 年和 2010 年土地利用情景下洱海流域农业非点源污染模拟结果进行了统计和分析，详细统计数据如表 8.5 所示。从表中可以看出，在降雨量相同的条件下，流域泥沙、总氮、总磷的年平均负荷均出现了大幅减少，三者分别减少了21.63%、9.31%和12.06%。

P 值表示配对样本 T 检验值。配对样本 T 检验，用于检验两个相关的样本是否来自具有相同均值的总体，既检验两组数据是否具有显著差异。设置配对样本的置信度为95%，当 P 值小于 0.05 时，表明两个样本具有显著差异。P 值进一步印证了 2000～

2010 年间的土地利用变化对洱海流域的农业非点源污染带来的巨大影响。

表 8.5　2000～2010 年洱海流域不同情景下年均氮、磷负荷变化分析表

变量	2000 年土地利用情景		2010 年土地利用情景		变化率	P 值
	年均值	标准差	年均值	标准差		
降雨量/mm	960.62	71.14	960.62	71.14	n/a	n/a
径流/mm	571.64	68.89	586.30	70.54	2.56%	0.000
泥沙/（t/hm²）	9.82	1.60	7.69	1.12	−21.63%	0.000
TN/（kg/hm²）	23.03	3.76	20.88	3.51	−9.31%	0.000
TP/（kg/hm²）	1.91	0.33	1.68	0.24	−12.06%	0.000

2. 2020 年土地利用/覆被的农业非点源污染效应分析

1）2010～2020 年土地利用变化分析

2020 年土地利用结构相对于 2010 年发生了较大的变化，具体统计数据如表 8.6 所示。从统计数据可以看出，2010～2020 年土地利用变化延续了 2000～2010 年间的变化趋势，耕地、建设用地仍然是变化最为剧烈的用地类型，其中耕地大面积减少，建设用地大面积增加，二者分别变化了 106.27km²、85.32km²。

表 8.6　2010 年、2020 年洱海流域土地利用类型面积统计表

土地利用类型	2010 年实际 面积/km²	2020 年模拟 面积/km²	面积变化/km²	变化率/%
林地	968.35	969.56	1.21	0.12
草地	269.69	264.64	−5.05	−1.87
耕地	551.15	444.88	−106.27	−19.28
园地	23.63	19.56	−4.07	−17.22
湿地	39.58	40.04	0.46	1.16
建设用地	241.92	327.24	85.32	35.27
水体	256.53	254.96	−1.57	−0.61
裸地	243.29	273.32	30.03	12.34

2）2020 年土地利用结构的农业非点源污染效应分析

本研究通过将 2010 年和 2020 年两个土地利用情景下模拟的洱海流域总氮、总磷输出负荷对比分析，来研究 2020 年土地利用/覆被将要产生的农业非点源污染效应。两个情景下模拟的总氮、总磷负荷统计数据如表 8.7 所示。相对于 2010 年土地利用情景，2020 年土地情景下的洱海流域泥沙、总氮和总磷年平均负荷均出现较大幅度的减少，三者分别减少了 26.74%、5.89%、9.25%。2020 年土地利用覆被产生的农业非点源污染效应与 2000～2010 年间的土地利用变化对农业非点源污染造成的影响相似。

表 8.7　2010～2020 年洱海流域不同情景下年均氮、磷负荷变化分析表

变量	2010 年土地利用		2020 年土地利用		变化率	P 值
	年均值	标准差	年均值	标准差		
降雨量/mm	960.62	71.14	960.62	71.14	n/a	n/a
径流/mm	586.30	70.54	598.08	71.75	2.01%	0.000
泥沙/（t/hm²）	7.69	1.12	5.64	1.26	−26.74%	0.000
TN/（kg/hm²）	20.88	3.51	19.65	3.49	−5.89%	0.000
TP/（kg/hm²）	1.68	0.24	1.52	0.24	−9.25%	0.000

3. 不同土地利用/覆被情境下的农业非点源污染空间分布分析

本研究还研究了三种土地利用情景下，洱海流域农业非点源污染物——总氮和总磷的空间分布有何异同。三种土地利用情境下的年均氮、磷负荷分布如图8.9、8.10所示。从整体上看，TN和TP负荷在流域内的分布具有一致性，即TN分布负荷较大的区域TP的负荷也较大；三种土地利用情景下的氮、磷负荷分布关键区也表现出一致的规律性：氮、磷产出负荷的严重区域为环洱海农业区和洱源县农业区，主要包括洱源县和右所、邓川、上关、喜洲、湾桥、银桥、大庄、大理、下关、凤仪等乡镇。

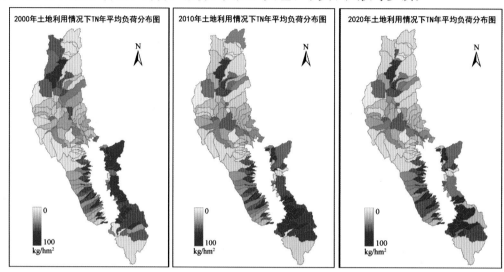

图 8.9　洱海流域三种土地利用情景下 TN 负荷空间分布图

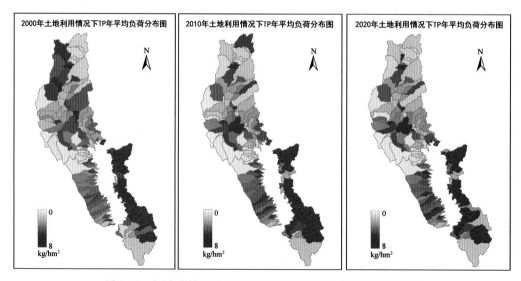

图 8.10　洱海流域三种土地利用情景下的 TP 负荷空间分布图

8.4　洱海流域城市非点源污染情景模拟与形成机理

根据洱海流域不透水表面遥感提取结果，2000 年总流域不透水表面覆盖面积为 123.02 km²，2010 年为 188.91 km²，总增长面积为 65.89 km²，年平均增长率为 4.38%。与流域土地利用类型对比发现，不透水表面具有沿河流、湖泊、公路分布的特点，与城镇建设用地分布保持一致，主要集中在下关镇和大理镇。依照洱海流域的主要水系分布，将洱海流域分为 30 个子流域，分别提取各个子流域的不透水表面覆盖率（impervious surfaces coverage，ISC），子流域最大覆盖率 2000 年为 25.84%，2010 年为 42.41%，均为下关镇所在的西洱河子流域。将两年不透水表面覆盖信息叠加分析，显示各流域不透水表面覆盖均成增长趋势，最大增长率为 16.57%。同时不透水表面覆盖增长反映了城镇发展趋势。

图 8.11　2000 年与 2010 年不透水表面覆盖分析图

洱海流域 2000 年、2010 年的不透水表面覆盖率分别为 4.74% 和 7.28%。通过对比分析两年的 ISC 和 SWMM 模型估算的流域城市面源污染产出的 TP、TN 值，结果表明，随着不透水表面覆盖的增加，TP、TN 值增加。根据云南省水资源公报，2000 年洱海水质大部分为Ⅱ类，局部为Ⅲ类，2010 年洱海水质恶化为Ⅲ类。依据 2000 年、2010 年的土地利用分类结果，2000 年建设用地面积为 152.38km²，2010 年建设用地面积为 241.92 km²。通过 ABM 模型模拟得到 2020 年的土地利用类型，其中，建设用地面积为 327.24 km²。可见，随着洱海流域人口的增长和区域经济实力的增强，城市建设用地面积不断扩张，不透水表面迅速增加，进而导致流域水质不断恶化。美国环境保护署（USEPA）、美国国家海洋和大气局（NOAA）、美国地质测量局（USGS）等很早就开始重视和开展了基于 ISC 对水体污染影响的量化研究，研究表明，当流域范围内 ISC 达到一定比例时（＞10%），其带来的污染不亚于农业面源污染，如果不加以控制（如 ISC＞25%），将形成不可逆转的水体污染。洱海流域的 30 个子流域中，2000 年 ISC＞10% 的子流域有 5 个，

ISC>20％的子流域有 2 个，ISC>25％的子流域有 1 个；2010 年 ISC>10％的子流域有 3 个，ISC>20％的子流域有 3 个，ISC>25％的子流域有 2 个，子流域总体 ISC 值均呈增长趋势，因此不透水表面带来的水环境影响不容忽视，以洱海流域 ISC 为可量测空间指标反映流域水环境状态具有重要研究意义。

表 8.8　洱海流域 2000 年、2010 年 ISC 与 TP、TN、水质类型表

类别　　年份	ISC	TN/kg	TP/kg	洱海水质类别
2000 年	4.74％	1046299.4	186478.12	大部分为Ⅱ类，局部为Ⅲ类
2010 年	7.28％	1239252.5	220867.45	Ⅲ类

8.5　空间决策支持信息系统的设计与实现

洱海流域非点源污染模拟与空间决策支持信息系统是一个应用型的地理信息系统，综合集成了 GIS 技术、ABM/LUCC 模型技术、SWAT 技术等，构建了洱海流域系统非点源污染形成过程的动态模拟与空间决策支持可视化信息平台，为政府从流域整体和源头防治洱海流域农业面源污染提供决策支持和宏观调控策略。

空间决策支持信息系统是以智能体（agent-based modeling）模型建模、SWAT 模型建模和 SWMM 模型建模等技术构建了洱海流域非点源污染的自然与人文综合模拟模型，同时以地理信息技术及相关技术为支撑，构建了洱海流域土地利用变化模拟的 ABM 模型，农业面源污染情景模拟的 SWAT 模型、三维景观模型和决策支持反馈调控信息模型，进行了洱海流域不透水表面及其流域覆盖率的提取及其水环境效应分析。从技术层面上实现了 ABM 模型、SWAT 模型、SWMM 模型与 GIS 的集成，B/S 和 C/S 的软件架构实现。根据流域"人类活动→土地利用/覆被变化→流域生态系统结构改变和功能退化→面源污染形成"这一链式驱动过程机理，通过智能体模型模拟流域土地利用类型的时空变化，利用 SWAT 模型模拟流域不同土地利用情景下农业非点源污染评价指标（TN、TP）以及人为可调控指标不透水表面覆盖（ISC）并以此作为控制变量，研究洱海流域社会经济活动形成的非点源污染的反馈调控机制与策略。系统形成了二维与三维可视化分析、Web 网络发布与桌面 GIS 应用分析、多模型结合模拟预测的流域非点源污染反馈调控的决策支持平台。

8.5.1　总体设计

1. 总体设计目的

洱海流域水环境情景模拟与空间决策支持信息系统总体设计的主要任务是根据项目内容和任务确定系统建设总体目标，规划系统的建设规模。确定系统总体结构，划分功能模块并确定模块间的关系，确定系统的软硬件配置，设计系统数据结构，规定系统采用的技术规范和标准，以保证系统总体目标的实现。

2. 总体结构设计

1) 系统设计原则

在系统的开发和建设过程中，应严格遵守以下基本原则：

(1) 易用性原则。软件应提供界面友好、功能方便、实用、符合业务数据处理流程的、有相关的上下文帮助信息。

(2) 可靠性原则。软件应具备数据备份和恢复功能，并保证系统在运行期间拥有良好的系统稳定性。在对海量数据进行处理时，不会明显降低系统效率或者中断服务。

(3) 安全性原则。严格界定用户的身份及访问权限，有效实现对功能和数据的安全控制、身份信息的安全传递以及数据加密，对关键业务操作必须提供日志记录功能。从物理、网络、信息、系统层面保证系统运行的安全性。

(4) 开放性原则。软件设计开发采用开放的技术和标准，软件应具备跨平台运行的能力，可以运行在多种硬件平台和操作系统平台，且具有开放的应用程序接口。

(5) 标准性原则。软件设计、开发与项目实施管理必须遵循国家标准、行业标准、相关的技术标准以及环保系统标准规范。

(6) 容错性原则。系统要求具有良好的纠错能力，保证系统在运行过程中的流畅性和稳定性，以便提高工作效率。

2) 系统界面设计

(1) 字体设计。宋体、正常体、字体大小根据实际的需要进行适当的调整，颜色主要色系以黑色、白色和蓝色为主。

(2) 控件设计。①控件尺寸。在合理的布局下尽可能多的显示控件中的内容。②控件布局。按照操作流程或浏览顺序自左向右，自上向下的排放各个控件，使界面整体协调、美观大方。

3) 系统总体结构设计

平台的开发大致有如下几个过程：

(1) 洱海流域的非点源污染空间数据库建设：包括基础的洱海流域空间信息（遥感影像、基础地理信息、模型参数库、水文信息库、水质信息库等）和人文信息（人口、洱海保护政策、规划、管理机构、法律法规等）。其中建库过程将充分考虑洱海流域的非点源污染特点以及模型集成运算的需要。

(2) 模型集成运算：采用"基于数据库的物理实现，基于嵌入式开发的逻辑实现"的总体方针。这种集成原则能够保证模型运算在逻辑上的严密性和物理上的松散性，适应软件工程学中的相关要求。

(3) 子系统的实现：包括两个子系统，分别是公共发布子系统和决策支持子系统，其中前者是辅助系统，后者是主功能系统。决策支持子系统包括各种空间分析过程、模拟结果以及反馈的调控策略，这些结果都可以在公众发布子系统时进行发布。系统总体结构设计如图8.12所示。

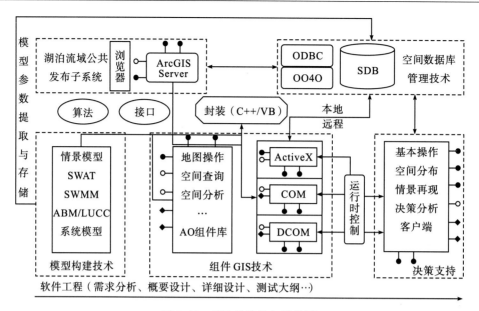

图 8.12 系统总体构架结构图

3. 功能结构

洱海流域非点源污染模拟与空间决策支持信息系统可以分为三个子系统：桌面 GIS 平台、WebGIS 平台和模型模拟平台。

图 8.13 平台结构图

4. 软硬件环境

1）系统开发环境

（1）软件环境。

开发语言：Java，C#，VB，Actionscript，MXML，XML；

开发平台：Windows XP，Windows 7，Windows Server 2003，Windows Server 2008；

开发工具：Microsoft Visual Studio 2010，Eclipse，Repast J 3.1，SWMM 5.0，ArcSWAT 2009，Flash Builder 4.0，ArcGIS API For Flex 2.4；

应用平台：ArcGIS Engine 10 Developkit，ArcGIS Server 10，ArcSDE 10；

开发模式：采用 C/S 和 B/S 混合架构模式；

数据库平台：SQL Server 2008，Access 及文件管理；

（2）硬件环境。

数据库服务器：CPU：Intel（R）Xeon（R）；内存：64G；硬盘：1TB。

ArcGIS Server 服务器：CPU：Intel（R）Xeon（R）；内存：64G；硬盘：1TB。

客户端：CPU：Intel（R）Core（TM）Duo；内存：2G；硬盘：500G。

2）系统运行环境

（1）软件环境。

表 8.9　系统运行软件环境

Microsoft.NET Framework 要求	必须为使用 Microsoft.NET Framework 开发的解决方案安装.NET Framework 3.5 SP1 以上版本
Java 要求	使用 Java 平台开发的解决方案需要 Java Runtime Environment（JRE）v6 update 16
浏览器要求	Flash player 9.0 及以上版本；浏览器要求 Microsoft Internet Explorer 7.0＋、Mozilla Firefox 2.0＋、Google Chrome 2.0＋3、Safari 3.0＋、Opera 9.5＋、AOL 9＋
操作系统要求	Windows 2003 Server 标准版、企业版和数据中心版 Windows 2008 Server 标准版、企业版和数据中心版 Windows 2008 R2 Server 标准版、企业版和数据中心版 Windows 7 旗舰版、企业版、专业版和家庭高级版 Windows Vista 旗舰版、企业版、商用版和家庭高级版 Windows XP 专业版和家庭版（SP2 以上） Windows XP 专业版和家庭版（SP2 以上）
数据库要求	SQL Server 2000，SQL Server 2005，SQL Server 2008，Access 2003，Access 2008
地理信息系统平台	ArcGIS Engine 10，ArcGIS Server 10，ArcSDE 10 For SQL Server

（2）硬件环境。

表 8.10　系统运行硬件环境

CPU 速度	最低 2.2 GHz 或更高；建议使用超线程（HHT）或多核
处理器	Intel Pentium 4、Intel Core Duo 或 Xeon 处理器；SSE2（或更高）
内存/RAM	2GB 或更高
显示属性	24 位颜色深度
屏幕分辨率	推荐在标准尺寸（96dpi）下使用 1024＊768 或更高
交换空间	最小为 500MB
磁盘空间	至少需要 1G（包含 Runtime）
视频/图形适配器	64 MB RAM（最低配置），建议使用 256 MB RAM 或更高配置。支持 NVIDIA、ATI 和 INTEL 芯片组，具有 24 位处理能力的图形加速器

5. 系统安全性设计

从系统和应用出发，网络的安全因素可以划分到如下的五个安全层中，即物理层安全风险分析、网络层安全风险分析、系统层安全风险分析、应用层安全风险分析、管理层安全风险分析。

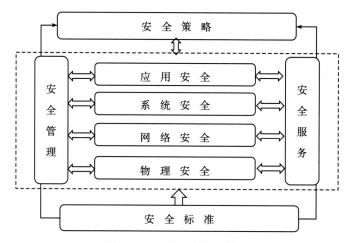

图 8.14　系统安全体系模型

6. 系统出错处理设计

1）出错信息

系统出错信息的设计包括系统自身的还有功能实用中存在的问题。

表 8.11　系统出错信息

序号	错误类型	出错范围	错误处理
1	系统配置文件出错	系统配置文件配置错误信息，或者系统没有足够的权限操作配置文件	检查配置文件及操作权限
2	功能配置文件出错	功能配置文件不符合系统功能逻辑	配置文件修改符合逻辑
3	用户输入出错	用户输入错误信息导致功能不能实现	输入信息检查
4	系统运行异常错误	一些未知错误或系统 bug 引起的错误	检查错误代码，更新系统
5	系统服务出错	系统服务 ArcGIS Server、ArcSDE 和 Tomcat 等引起的服务错误	检查服务运行状态，重新连接或是配置
6	操作系统出错	由于系统内存、显卡或其他原因引起的系统错误	操作系统重启

2）补救措施

系统出错后可能采取的变通措施，包括：

（1）系统配置文件出错，需要核对系统不同的参数，如果有错误则需要重新配置或者修改。

（2）用户操作或者用户输入错误，需要有完善的帮助文档和操作说明。

（3）系统运行异常错误处理需要多次测试，检查系统代码，及时升级系统。

（4）系统服务出错的处理需要调整服务器，使服务器运行正常。

（5）系统操作系统异常处理，需要重启计算机，再次运行系统程序。

7. 系统维护设计

系统维护的目的是要保证信息系统正常而可靠地运行，并能使系统不断得到改善和提高，以充分发挥作用。系统维护的任务就是要有计划、有组织地对系统进行必要的改动，以保证系统中的各个要素随着环境的变化始终处于最新的、正确的工作状态。

信息系统投入运行后，应用部门应配置系统维护管理员，专门负责整个系统维护的管理工作；针对每个子系统或功能模块，应配备系统管理人员，他们的任务是熟悉并仔细研究所负责部分系统的功能实现过程，甚至对程序细节都有清楚的了解，以便于完成具体维护工作。

系统维护人员应职责明确，保持人员的稳定性，对每个子系统或模块至少应安排两个人共同维护，避免对个人的过分依赖。在系统未暴露出问题时，就应着重于熟悉掌握系统的有关文档，了解功能的程序实现过程，一旦提出维护要求，立即高效优质地实施维护。最后，应注意系统维护的限度问题。即当系统生命周期结束的时，应及时采用新系统。

8.5.2　数据库设计

系统数据包括洱海流域基础地理数据、洱海流域土地利用变化地理数据、洱海流域水资源分布数据、洱海流域面状污染源现状地理数据。基础地理数据包括：点状数据：水体名称、政府机构；线状数据：省级公路、国道；面状数据：水体、建筑物、公路、行政区划辖区；栅格数据：30m * 30m 和 90m * 90m 分辨率 DEM、Lansat 2000 和 2010 年遥感数据、洱海海西高分辨率航拍影像数据；专题地理数据：河流、湖泊，土壤类型；模型模拟数据包括：ABM 模型模拟数据、SWAT 模型模拟数据、SWMM 模型模拟数据。

1. 数据库总体结构

根据项目实际需要和数据库设计的理念，为方便进行查询操作、专题分析功能统计、模型模拟分析等功能模块操作，建立所需的地理图层及其属性信息。系统操作数据库操作流程如图 8.15 所示。

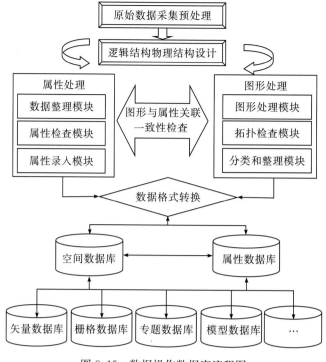

图 8.15　数据操作数据库流程图

通过调用空间数据库中的各种属性表将图形数据调入到可视化界面，并利用对各种图形数据的属性实现查询分析功能等操作。

2. 基础地理数据设计

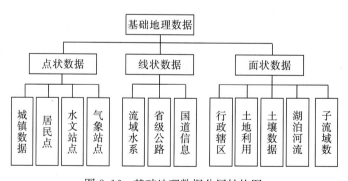

图 8.16　基础地理数据分层结构图

基础地理数据分层：为建立真实的地理环境，添加各种所需基础地理图层，其中重点突出流域水系划分、土壤类型、土地利用类型、水文气象站点空间位置和各种气象数据。基础地理数据包括必须的行政辖区、水体、建筑物、道路等，这些数据为实现系统查询建立了必要的地理环境。流域河流、水系是水文模拟的基础，DEM 数据、遥感影像数据、气象数据、土地利用数据、土壤数据等是水文分析模拟的关键；ABM 智能体模拟则需要道路、河流、行政区划、居民点等空间数据，需要重点突出。

3. 专题地理数据设计

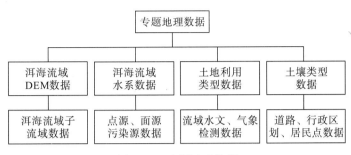

图 8.17　专题地理数据

专题地理数据是实现系统专题查询的必要地理数据。其中 DEM 数据用于对洱海流域进行水系的提取和子流域的划分，将对整个流域的非点源污染模拟细化到子流域级别，提高模拟精度；土地利用数据和土壤类型数据是 SWAT 模型模拟的基础数据，两者不同比例的结合决定着流域内水文响应单元的提取；流域污染源数据、气象水文数据是模拟流域降雨径流、污染源扩散和营养物负荷的基础，也是对模拟结果的最直接验证；ABM 模型对流域内的土地利用变化情况进行模拟时，道路、行政区划、居民点、土地利用类型等数据是模型构建的基础。

8.5.3　接口设计

1. 用户接口设计

用户接口是为方便用户使用计算机资源所建立的用户和计算机之间的联系。通常指软件接口，即在人机联系的硬设备接口基础上开发的软件。如建立和清除连接、发送和接收数据、发送中断信息、控制出错、生成状态报告表等。

用户可以通过命令接口和程序接口与系统进行连接，从而实现对系统操作。

命令接口通过向用户提供命令启用系统命令组织和控制系统。用户在使用中发出请求处理信息，然后后台进行分析处理。用户数据库与系统的连接实现，在系统中根据用户数据库中的详细信息进行判断和分析确定用户角色和功能权限。

程序接口是通过程序接口来请求系统提供的服务。将连接信息通过图形化的界面来实现，这样可以较为直观和简洁地处理用户与系统的之间交互。

用户接口设计的过程如图 8.18 所示。

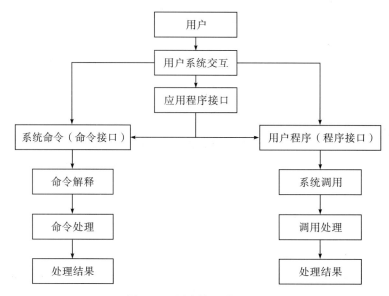

图 8.18　用户接口处理过程

2. 内部接口设计

　　洱海流域非点源污染模拟与空间决策支持信息系统包括桌面 GIS 平台、WebGIS 平台和模型模拟平台。桌面 GIS 平台的各个功能是基于 COM 组件技术实现，各个功能之间通过应用程序接口实现。WebGIS 平台各个模块间的功能比较独立，各个模块间的数据联系主要是通过访问的地图服务数据库和各种数据服务的配置文件进行空间的关联。模型模拟平台是包括 ABM 模型、SWAT 模型和 SWMM 模型的实现。因此，模型内部接口设计是根据各个开发工具 API 实现的。

3. 外部接口设计

　　1）桌面 GIS 平台与 ABM 模型集成
　　实现 GIS 与 ABM 模型的松散集成。在桌面 GIS 平台建立统一的界面实现对 ABM 模型调用，同时 GIS 平台可以调用 ABM 模型的模拟结果。
　　2）桌面 GIS 平台与 SWAT 模型集成
　　SWAT 模型是采用集成的 ArcSWAT 工具包，桌面 GIS 与 SWAT 模型的集成是 GIS 平台调用 ArcSWAT 工具包的模拟结果，实现松散集成。
　　3）桌面 GIS 平台与 SWMM 模型完全集成
　　桌面 GIS 平台与 SWMM 模型的完全集成是 GIS 平台通过外部引用 SWMM.dll 文件实现 SWMM 模型与 GIS 的完全集成。
　　桌面 GIS 平台与 WebGIS 平台应用程序接口设计。
　　桌面 GIS 平台分析结果能够快速地发布 Web 服务信息。

8.5.4　系统功能模块设计

1.　系统结构设计

　　洱海流域非点源污染模拟与空间决策支持信息系统是一个工具型的地理信息系统，可以及时、准确地反应流域非点源污染状况。根据土地利用变化情景模拟分析流域非点源污染，模拟结果可以为流域污染防治提供辅助决策及反馈调控信息。

　　洱海流域非点源污染模拟与空间决策支持信息系统由两个部分组成：一部分是 GIS 平台功能，另一部分是模型模拟分析功能。GIS 平台功能包括桌面 GIS 和 Web GIS，系统实现对属性和空间数据的管理分析、网络发布以及三维可视化分析功能；模型模拟分析是在 GIS 功能的基础上，结合 SWAT 模型、ABM 智能体模型和 SWMM 模型实现流域非点源模拟分析。

　　该平台主要由两大部分组成，一部分是 GIS 平台，另一部分是模型模拟分析。GIS 功能可实现对属性和空间数据的管理分析，模型模拟分析是根据土地利用变化对洱海流域非点源污染模拟分析。

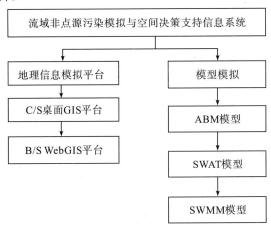

图 8.19　系统结构

2.　桌面 GIS 平台功能模块设计

　　桌面 GIS 平台功能是主要分析平台，主要功能模块如图 8.20 所示。

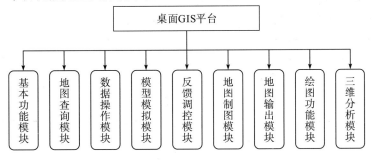

图 8.20　桌面 GIS 平台功能模块

1) 基本功能模块

基本功能模块包括放大、缩小、漫游、前一视图、后一视图、中心放大、中心缩小、鹰眼和地图量算等基本 GIS 功能。

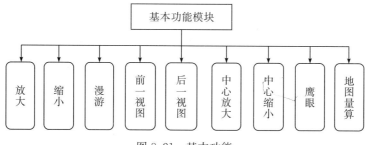

图 8.21　基本功能

2) 地图查询模块

地图查询功能实现属性信息对空间信息的查询及通过图形间的叠加、缓冲等图形操作对属性信息的查询等功能，该功能模块实现了通过属性信息查询空间要素和通过空间信息查询属性信息。

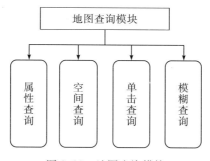

图 8.22　地图查询模块

表 8.12　地图查询模块功能描述

功能模块	功能分类	功能描述
信息查询功能	单击查询	实现鼠标在地图上单击显示单击点图形属性信息
	空间查询	通过组合给定逻辑关系（和、并、差、交等）进行属性信息的查询，并通过属性信息准确的定位要素
	模糊查询	该功能通过在数据库中遍历与输入字/词相匹配的数据进行查询
	属性查询	根据图层属性表信息，实现 SQL 查询

3) 数据操作模块

数据操作功能模块包括数据加载、地图打开、地图保存、SDE 数据连接、SDE 数据导入、SDE 数据加载、SDE 版本管理、元数据管理等空间数据操作功能。

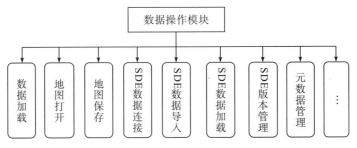

图 8.23　数据操作模块

各功能描述见下表：

表 8.13　空间数据操作功能描述

功能模块	功能分类	功能描述
	数据加载	加载矢量、栅格、网络数据集及空间数据库
	地图打开	打开地图文档文件
	地图保存	地图保存为地图文档
空间数据操作	SDE 数据连接	通过 SDE 实现连接空间数据库
功能模块	SDE 数据导入	通过 SDE 导入矢量和栅格数据
	SDE 数据加载	通过 SDE 连接空间数据库，加载数据
	SDE 版本管理	SDE 不同版本的管理
	元数据管理	获得数据元数据信息，进行管理

4）模型模拟模块

该模块包括 ABM 模型、SWAT 模型和 SWMM 模型。模型是在 GIS 平台的基础上实现集成。

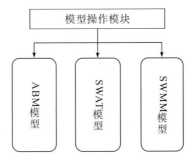

图 8.24　模型操作模块

表 8.14　模型模拟功能描述

功能模块	功能分类	功能描述
	ABM 模型	ABM 智能体模型模拟流域土地利用变化，为 SWAT 模型提供情景模拟数据
模型模拟功能	SWAT 模型	在土地利用类型和 ABM 智能体模型模拟结果的基础上，实现不同土地利用情景下的流域农业非点源模拟
	SWMM 模型	模拟城市非点源污染情况

5）反馈调控模块

反馈调控模块包括农业非点源和城市非点源反馈调控。反馈调控功能是在模型模拟结果基础上，以 TN、TP 及 ISC 为反馈调控指标对流域非点源污染进行信息反馈，为流域污染治理调控提供基础。

图 8.25　反馈调控模块

表 8.15　反馈调控功能描述

功能模块	功能分类	功能描述
反馈调控功能	农业非点源反馈调控	根据 SWAT 模型模拟结果，提取子流域 TN 和 TP 的值，以此为反馈调控信息。反馈调控可以按照年或月实现
	城市非点源反馈调控	根据 SWMM 模型模拟结果结合流域不透水表面覆盖（ISC）作为城市非点源反馈调控的指标

6）地图制图功能

地图制图模块能够快速制作专题图，主要的功能包括插入标题、插入文本、插入图例、插入比例尺、插入指北针和插入图片等功能，也包括对地图制图对象的放大、缩小、平移和漫游等的基本操作和辅助功能。

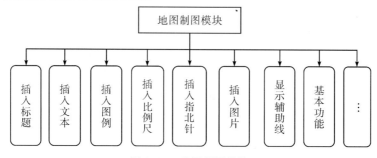

图 8.26　地图制图模块

7）地图输出模块

该功能主要实现将成果图以图片或专题图的方式输出给用户。

图 8.27　地图输出模块

表 8.16　调控反馈功能描述

功能模块	功能分类	功能描述
地图输出模块	输出图片	以图片的形式输出分析结果。输出图片实现了自定义输出和全屏输出
	打印输出	由系统提供打印功能对地图的图例、比例尺、指南针、图名等专题图必要元素的设置，最后通过系统连接打印机进行最终专题图的打印

8）绘图功能模块

绘图功能模块包括绘制图形、图形对齐、图形移动、图形顺序、图形旋转及图形编辑等基本功能。

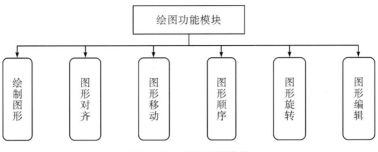

图 8.28 绘图功能模块

9）三维分析模块

三维分析模块包括流域三维景观模型快速显示、三维信息查询、坡度分析、通视分析及三维分析基本功能。

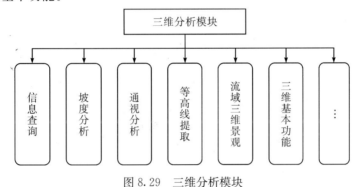

图 8.29 三维分析模块

3. WebGIS 平台功能模块设计

WebGIS 网络发布子系统是基于 ArcGIS Server 10 和 ArcGIS API For Flex 开发的互联网 Web 应用系统。WebGIS 子系统主要包括基本功能、地图查询、空间分析功能、打印输出功能及其他辅助功能。

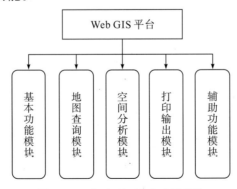

图 8.30 桌面 GIS 平台功能模块

1）基本功能模块

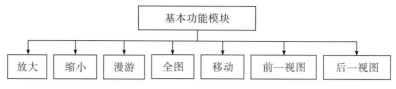

图 8.31　基本功能模块

地图基本功能模块描述：放大、缩小、漫游和移动等功能。基本功能模块是由 ArcGIS API for Flex 提供相应的应用程序接口。

2）地图查询模块

地图查询模块包括 SQL 查询、多边形查询、点击查询和缓冲区查询等基本查询功能。

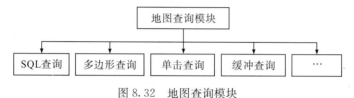

图 8.32　地图查询模块

3）空间分析模块

空间分析功能模块包括缓冲区分析和叠加分析功能。

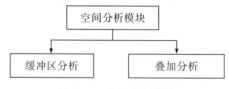

图 8.33　空间分析模块

4）打印输出模块

打印输出模块包括输出图片、打印预览及打印地图等基本的功能。

图 8.34　打印输出模块

5）辅助功能模块

辅助功能模块是辅助操作功能，能够方便的操作和控制地图。

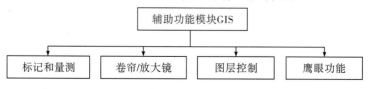

图 8.35　辅助功能模块

4. 系统界面及功能实现

1）系统主界面

系统基本界面如图 8.36。其中，桌面 GIS 包括了地图窗口、制图窗口和三维窗口。

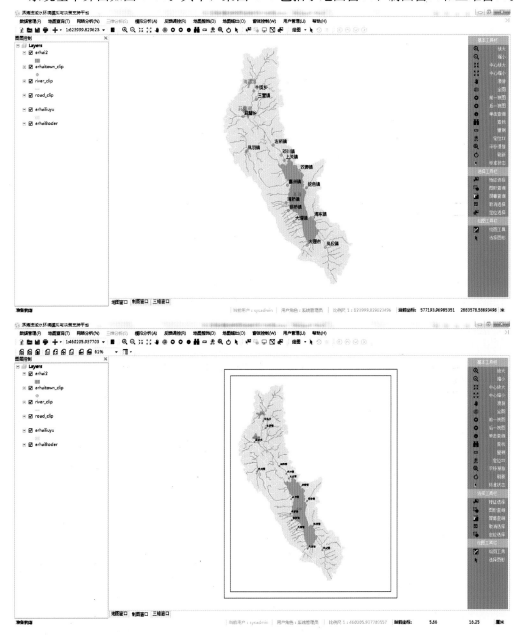

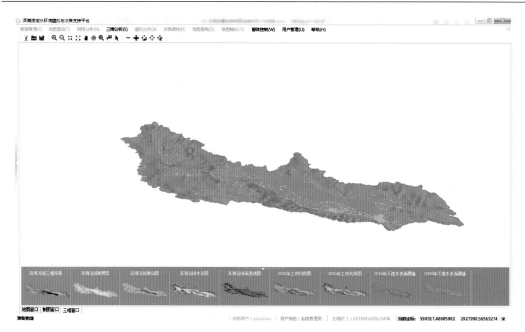

图 8.36　系统主界面

2）GIS 基本功能

（1）地图加载、打开和保存，数据加载、SDE 空间数据等基本功能。

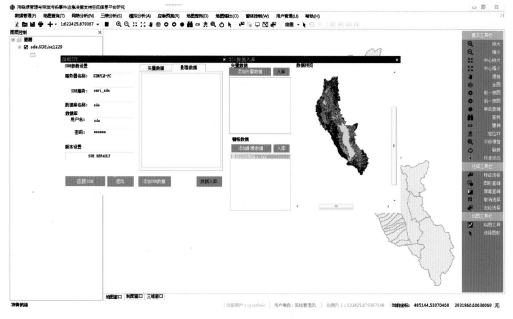

图 8.37　SDE 空间数据库操作

（2）地图基本操作功能。放大、缩小、漫游、中心放大、中心缩小、前一视图、后一视图、距离面积量测等基本操作。

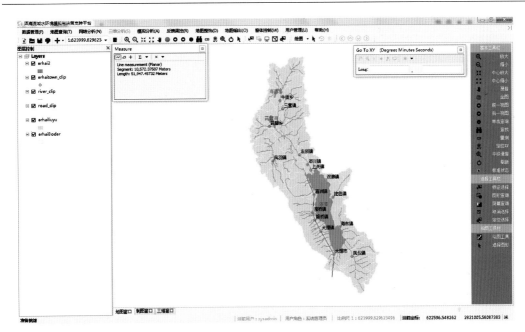

图 8.38　基本功能

（3）鹰眼导航功能。实现地图的导航功能。

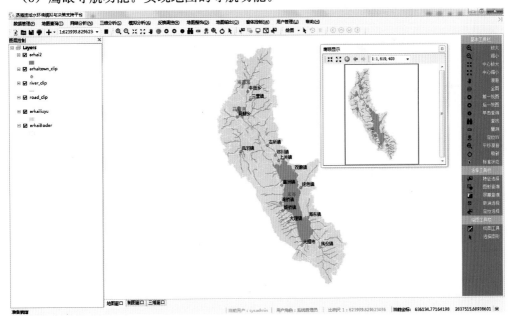

图 8.39　鹰眼功能

（4）地图图层操作。包括地图图层的移动、删除、符号化等。

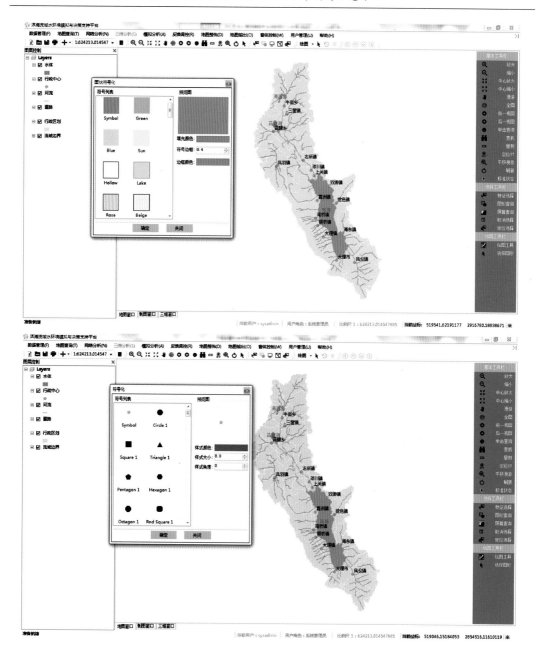

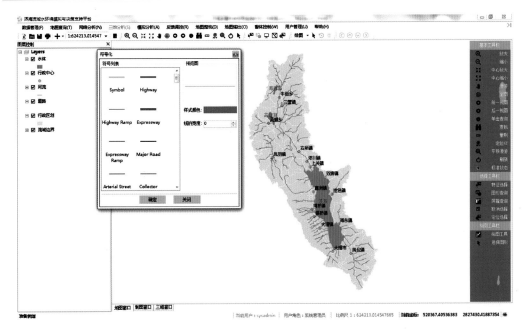

图 8.40　图例修改

（5）窗体控制。不同显示模式切换、窗口及工具栏控制。

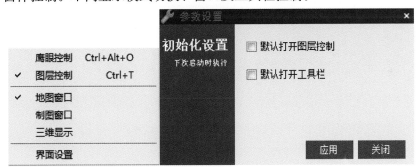

图 8.41　窗体控制

3）查询功能

包括属性查询、空间查询、单击查询等查询功能。

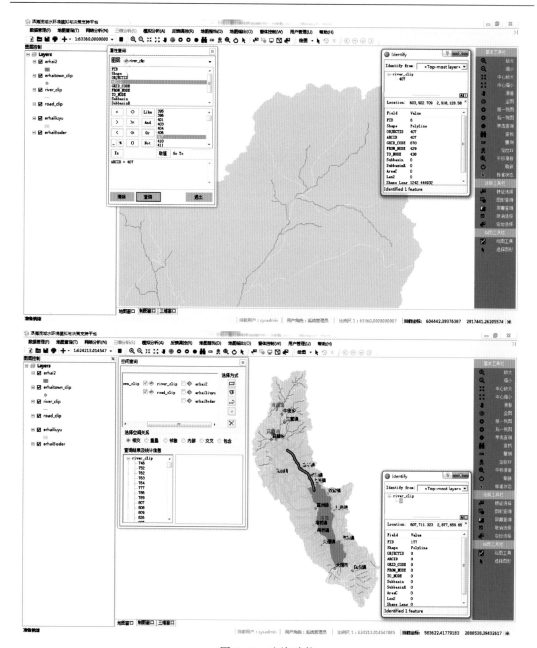

图 8.42　查询功能

4）模型模拟

（1）ABM 模型。

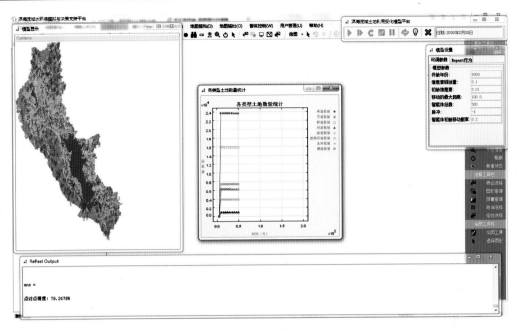

图 8.43　ABM 模型界面

（2）SWAT 模型。

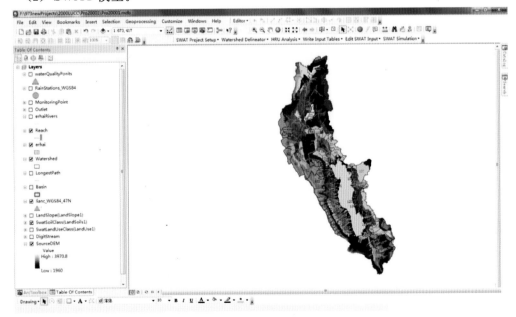

图 8.44　ArcSWAT 界面

（3）SWMM 模型。

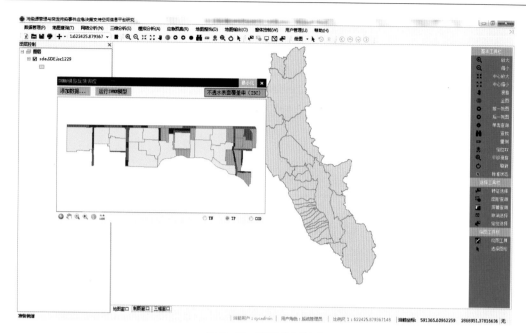

图 8.45　SWMM 界面

5）流域非点源污染反馈调控

（1）农业非点源反馈调控。

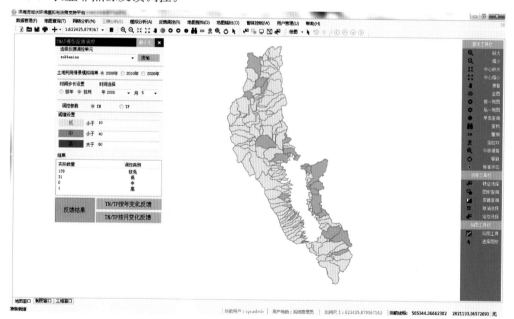

图 8.46　农业非点源反馈调控

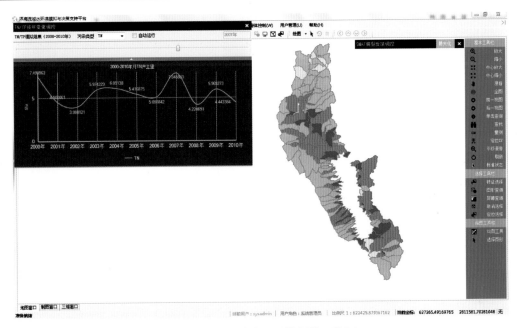

图 8.47　农业非点源反馈调控（按年）

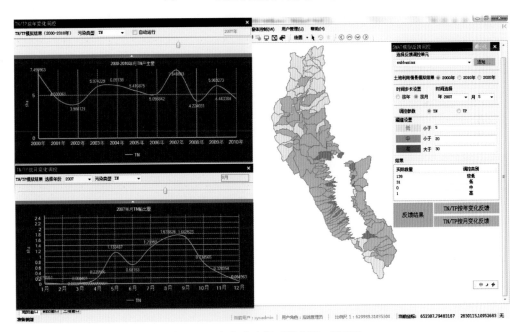

图 8.48　农业非点源反馈调控（按月）

（2）城市非点源反馈调控。

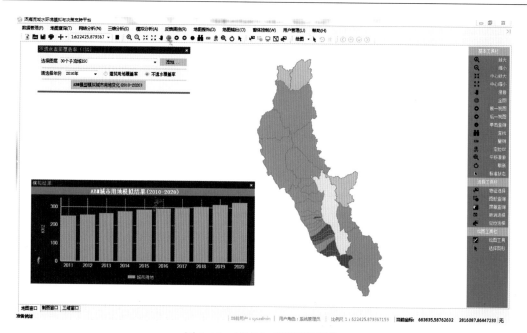

图 8.49　城市非点源反馈调控

6）流域三维景观分析功能

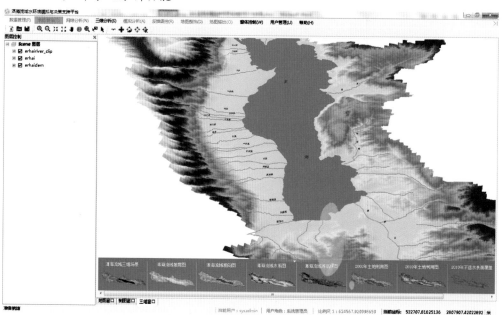

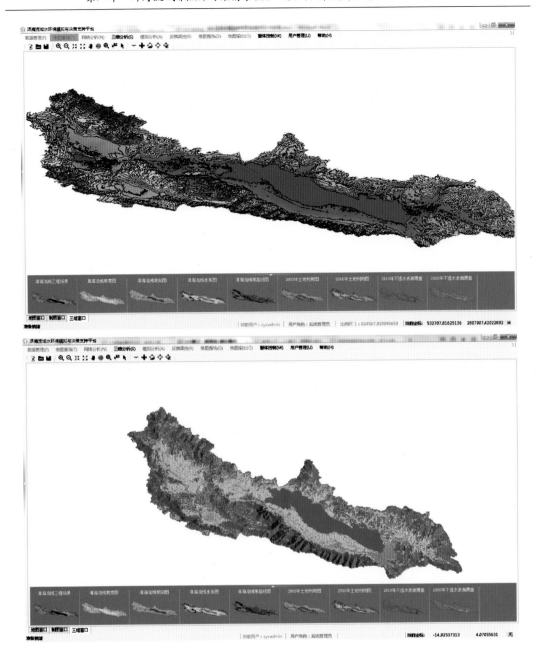

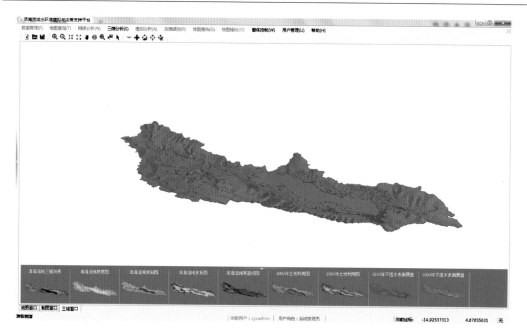

图 8.50　三维分析功能

7) 地图输出

（1）地图整饰。包括添加标题、文本、图例、指北针、比例尺和图片等的功能。

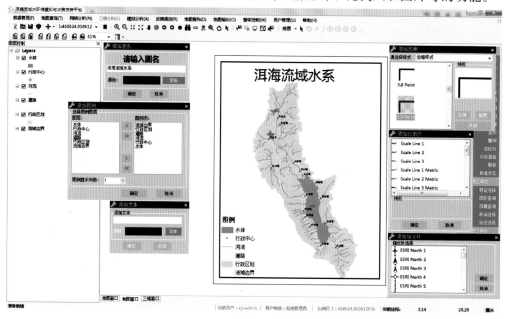

图 8.51　地图整饰

（2）地图输出。包括输出图片、自定义输出、打印以及打印预览等功能。

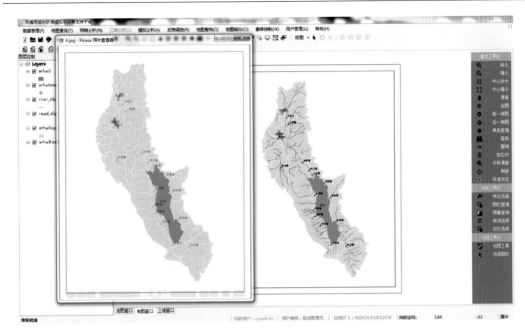

图 8.52　输出图片

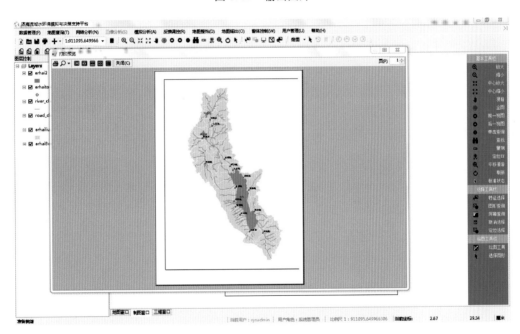

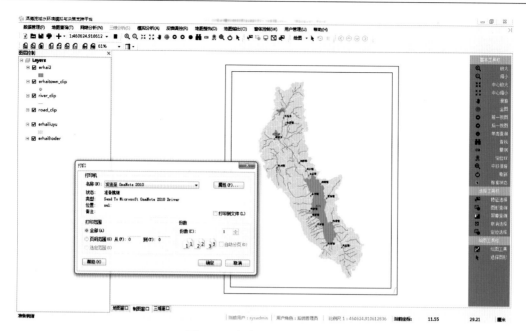

图 8.53　打印预览及打印功能

8) WebGIS 平台

WebGIS 平台包括基本功能、查询功能、空间分析和打印输出功能。

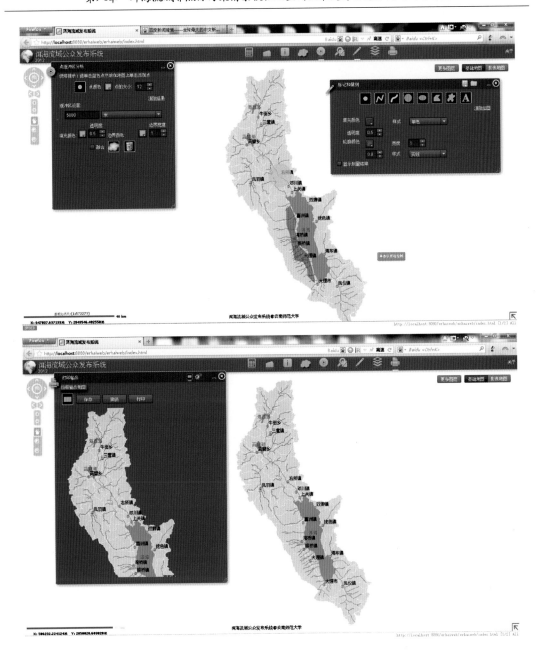

图 8.54　Web GIS 平台

参 考 文 献

郭淑芬，于志刚，李成名，等. 2012. 基于 Flex 开发综合市情系统的研究与应用[J]. 测绘通报，(10)：88-91.

姜锐，刘璐. 2012. RIA 技术在 WebGIS 中的应用研究[J]. 测绘与空间地理信息，35（9）：106-108.

郎永刚. 2011. 浅谈基于 Flex RIA 与 REST 的 WebGIS 研究[J]. 测绘与空间地理信息，34（6）：86-88.

李恒鹏，陈雯，刘晓玫. 2004. 流域综合管理方法与技术[J]. 湖泊科学，16（1）.

李久刚，唐新明，汪汇兵，等. 2011. REST 架构的 WebGIS 技术研究与实现[J]. 测绘科学，36（3）：85-87.

李欣，杜震洪，张丰，等. 2012，基于 BlazeDS 消息推送的 WebGIS 系统设计与实现[J]. 计算机应用与软件，29（8）：14-16.

李欣，华一新. 2008. 基于 WebGIS 的监狱应急指挥平台框架研究[J]. 测绘通报，(3)：60-62.

刘俊，谭建军，邵长高. 2010. 基于 Flex 的 WebGIS 框架设计与实现[J]. 计算机工程，36（10）：222-224.

刘连成. 1997. 中国湖泊富营养化的现状分析[J]. 灾害学，12（3）：61-65.

陆亚刚，邱知，游先祥，等. 2012. 基于 SilverLight 和 REST 的富网络地理信息系统框架设计[J]. 地球信息科学学报，14（2）：192-197.

徐富春、黄明祥、张波，等. 2012. 第一次全国污染源普查重点污染源空间数据管理与信息共享服务平台建设研究[J]. 环境污染与防治，34（5）：96-100.

徐兰声，李佐军. 2010. 智能体模型在滇池流域土地利用结构变化动态模拟中的应用[J]. 长江大学学报，7（3）：293-295.

杨克诚，夏既胜，孟若琳. 2011. 基于 ArcGIS 和 Flex 技术的污染源普查数据分析平台设计[J].

云南地理环境研究，23（5）：96-101.

袁旭音. 2000. 中国湖泊污染状况的基本评价[J]. 火山地质与矿产，21（2）：128-136.

张子凡，任建武. 2012. 基于GIS组件的南京环境污染事故应急监测地理信息系统[J]. 环境监测管理与技术，14（4）：18-20.

Chen M，Lin H，Liu D，et al. 2014. Constructing a System for Water Quality Monitoring and Analysis in the Pearl River Delta Region[J]. 140-143.

Ileri S，Karaer F，Katip A，et al. 2014. Assessment of Some Pollution Parameters with Geographic Information System（GIS）in Sediment Samples of Lake Uluabat，Turkey[J]. J. BIOL. ENVIRON. SCI，8（22）：19-28.

Li L F，Zeng X B，Li G X，et al. 2014. Surface Water Quality Assessment in Beijing（China）Using GIS－Based Mapping and Multivariate Statistical Techniques[C] //Advanced Materials Research. 955：1514-1526.

Paule M A，Memon S A，Lee B Y，et al. 2014. Stormwater runoff quality in correlation to land use and land cover development in Yongin，South Korea[J]. 140-143.

Zhang B，Yang S H，Hao Q T，et al. 2014. A Temporal－Spatial Simulation and Dynamic Regulation System of Water Quality on Sudden Water Pollution Accidents[C] //Applied Mechanics and Materials. 556：925-928.